U0290121

夸克与宇宙起源

侯维恕　著

创于1897　商务印书馆
The Commercial Press

序一　物理的圣杯

台湾大学前校长　李嗣涔

　　1976年9月中我负笈到美国斯坦福大学电机系念博士，3个星期以后的10月初诺贝尔物理奖宣布，斯坦福大学物理系的Richter教授与丁肇中博士以共同发现J/ψ粒子而得奖，电机系系馆就在物理系馆隔壁，我也常去物理系图书馆找书，可以感受到一些兴奋的气氛，对我这个刚从台湾到美国念书的年轻学生而言，想到隔壁楼有一位新出炉的诺贝尔奖得主，就觉得与有荣焉。但是为什么叫J/ψ粒子这么奇怪的名字就搞不清楚了，后来去斯坦福书店买了一本科普书籍才慢慢了解到，原来丁肇中博士团队先发现到新粒子，但为了慎重起见，一再重复实验而没有发表论文，直到丁博士有一次到斯坦福线性加速器中心听到Richter团队好像在同样能量也发现新粒子，才立刻投出论文，结果两团队同时发表论文但是取了不同名字，导致后来用了合成的名字。为此还产生了到底谁先发现的争议，双方在新闻上大打笔仗。

　　1976年适逢美国建国两百年，为了纪念这个大日子，媒体请了对人类文明进展有重要贡献的美国人来写纪念性文章，其中包含了1947年发明晶体管的三位诺贝尔奖得主，结果报上同时刊出两篇文章，斯坦福大学电机系刚退休的肖克莱教授写了一篇，另两位得奖人巴丁及布莱顿合写了一篇，两篇各讲各的发明故事，针锋相对互相批评。我当时还偶然可以在电机系大楼见到肖克莱教授，这两件事情在我心灵上产生了重大的冲击，为何重大的科学发现往往导致个人或团队的冲突，后来我慢慢理解原来这是在夺取圣杯的过程中，由于历史定位的大帽子压力，人性最赤裸裸的自然展现。发现宇称不守恒的杨振宁与李政道交恶的过程，也跳不出这最基本的法则。从此以后我就爱看基本粒子物理的科普书籍，不仅是了解科学最前沿的发现过程，还要去感受人性的冲突与淬炼。1982年回台任教以后就会等开国际会议的空当到书店搜购新的科普书籍，乐此不疲。网络购物兴盛以后直接从网络订购电子书省了我不少麻烦，不过前沿物理发现的故事虽然很好看，但是那是别人的故事，与我没有关系，与台大没有关系。

这本书不同了，台大物理系的侯维恕教授以他"钱思亮先生纪念演讲"的内容为大纲，写成了这本基本粒子最前沿的科普书籍，在上帝粒子——希格斯玻色子的发现过程中，侯教授不但是参与的科学家之一，还扮演重要的角色，而我在台大校长任内曾提供经费支持侯教授的计划，让我觉得与有荣焉。

2006年台大在教育事务主管部门迈向顶尖大学的支持下，希望在5年到10年中进入世界百大，而我深切了解要成为世界一流大学，最重要也是最根本的问题是要改变师生的心态，从跟随者（me too）转变成领航者（follow me）。研究题目的选择与团队的组成是成功的第一要素。因此我推动了领航计划，由上而下选择了近二十个团队计划予以支持。侯教授的计划是其中之一，也是我最看好的计划，他把四代夸克的搜寻带入希格斯玻色子CMS的实验中让我充满了希望，台大也终于有机会参与大发现的过程，这才是领航的精神，这才是成为世界一流大学应有的表现。

希格斯玻色子的圣杯已经于2013年颁给了恩格勒及希格斯，看来四代夸克的可能性已经黯淡，侯教授仍不退缩，寄望2015年大强子对撞机维修完成重新启动以后，能在更高能量下看到新物理，我衷心地祝福他，也掩不住仍保持淡淡的期望，人一生中能够参与圣杯的追寻是一件令人感动回味的经验。也希望读者能从本书中感受到台湾科学界跃上世界舞台的喜悦。

序二

台湾大学物理系　熊怡教授

侯维恕教授请我为这本新书作序，这是我人生第一次为朋友的新书写序，当然就义不容辞地一口答应下来，并好好地拜读之。侯维恕教授研究教学之余，积极投入科普通俗演讲以及撰写科普的介绍性文章。

《夸克与宇宙起源》一书侯维恕教授以说故事的方式，深入浅出地介绍了近代粒子物理中几个举足轻重的发现：从卢瑟福的实验"石破天惊"地打开了原子结构的奥秘以及原子内在的原子核，开启了这100年来对粒子物理实验与理论的研究，进而产生了夸克模型、三代夸克与轻子的预测及发现，也因而引进了粒子物理中所谓的"标准模型"。1974年的"11月革命"丁肇中先生的实验所发现的新粒子"J粒子"，在此扮演了举足轻重的角色。然而对三代全席"标准模型"的验证，人类又花了数10年时间的努力，建造了一代又一代的高能粒子加速器及各种实验探测器并有了新的发现，才得以建立起现今粒子物理的物质与反物质的微观世界。

　　到底夸克和宇宙起源有多大关联？侯维恕教授以其亲身参与理论及实验研究的心历路程，并略带诙谐的语气带领大家进入更深入的探讨：宇宙反物质的消失之谜、宇称不守恒和CP破坏现象、四代夸克的追寻、质量之起源与希格斯玻色子（神／谴之粒子）的发现等近代粒子物理中的重大问题。物理乃实验科学，探讨宇宙的基本现象，不论是实验发现了新的物理现象或是对自然界物理现象的新解释，都必须经由各种实验反复的检验。俗语说"真金不怕火炼"，自然界的真理与定律一样不怕反复的实验检验（Trial and Error），这就是物理这门科学的实证精神！这里面有许多不怕失败的心历路程，也有许多最后成功的例子！也唯有这种锲而不舍的实证精神才能一步又一步地解开自然界的真实现象甚至宇宙起源之谜！

　　这本书并没有为"夸克与宇宙的起源"划下句点，反而带给我们的是对未来研究物理的憧憬和期望！

　　　　　　　　　　　　　2014年6月写于CERN，Geneva

前言（代序）

大概是2012年11月底吧，接到校长室蔡秘书的电话，说台大李校长邀请我给2013年2月18日在台大举行的"钱思亮先生纪念演讲"活动做演讲。其实之前我从未参加过这个联合由台大－"中研院"交替举办的演讲，但显然这是个不容拒绝的荣誉点召，我当然一口答应了。因为即使是为台大高能实验组的缘故，也是义不容辞的。但我既而查了一下资料，发现历来的讲者都是院士级的，倍感荣幸之余，心中不免恐惧战兢。钱思亮先生、院士曾长期任台大校长与"中央"研究院院长，又有多位成就非凡的子嗣，确实是学界的标杆。

当时我一方面正在为《科学人》杂志撰写《四代夸克的追寻》一文，另一方面又邀请了台大与"中大所"参与的大强子对撞机CMS实验的前发言人，珪多·托内礼（Guido Tonelli）教授在台大做题为"发现希格斯玻色子：在大强子对撞机回溯宇宙的起源"的通俗演讲。因此，当学校秘书室追问我讲题的时候，我很自然地将题目定为"夸克与宇宙起源"。因着人类的好奇心，"起源"无疑是抓住人心的题材，人类置身宇宙，"宇宙起源"有独特的魅力。而我多年研究的题材，可以说是从 b 夸克起首的各种重夸克。

因为是纪念故台大校长与"中研院"长钱思亮先生的演讲，不敢怠慢之余，个人认为，虽然演讲题目与内容必须具科普性质，但也必须呈现当下的尖端科学研究。因此在演讲的前半段，我从原子核起，介绍了人类从质子、中子到夸克的发现过程，以及拓展到第三代夸克的认知。在这个层次，夸克与宇宙起源的关连其实不深，特别是三代夸克虽带出了所谓的 CP 破坏，是与宇宙反物质的消失——为何我们不用担心周遭有反物质与我们湮灭——有关联，却吊人胃口似的远远不足。我从这里切入研究主题，包括从参与"B 介子工厂"Belle 实验得到特异直接 CP 破坏现象的启示，发现若有第四代夸克存在，则似乎可以提供让宇宙反物质消失的足量 CP 破坏：暴涨千兆倍以上（四代夸克"通天"）。更深刻的研究，则是源自 2008 年起台大高能组以四代夸克和极重新夸克的搜寻作为团队参与大强子对撞机 CMS 实验的策略性目标。在好奇心的驱动下，我在 2012 年前半发现极重四代夸克果然像有人曾经猜测的，可借四代夸克–反四代夸克对的凝结导致电弱对称性自发破坏，是可以取代有名的希格斯场的。若然，则夸克便有两个天大的理由可以与宇宙起源有关（特重夸克凝结）。然而无独有偶，就在 2012 年 7 月，"中研院"参加的 ATLAS 实验以及 CMS 实验共同宣布发现"似希格斯玻色子"且与粒子物理标准模型的预期相符，这是公认难与四代夸克的存在兼容的！但是，根据 2012 年 11 月 ATLAS 与 CMS 公布的实验数据来看，事情其实还未完结，因为所发现的新粒子是否确实引发电弱对称性自发破坏，还有一个重要的验证是无法借2011—2012年的实验数据达到的。因此，依据两大足以"通天"（即与宇宙起源的关连）的理由，我逆势宣称大自然另辟蹊径的可能，而已出现的新粒子会是真实的"新物理"。

　　我很简短地叙述了"夸克与宇宙起源"演讲的内容。那为什么要把这篇演讲再写成书呢？其实最深入、最反映个人研究的四代夸克–反四代夸克凝结部分，当天因时间不足，基本上没讲。而我为《科学人》撰写的《四代夸克的追寻》一文，虽道尽了研究过程的起伏，叙述实验的进行则比较多。还有一部分原因是熊怡教授（他也是台大高能团队的一员）一句话的激励——时任台大物理系主任、台湾物理学会会长的熊教授在演讲之后对我说："你一定花了很多时间准备。"确实是花了不少时间准备。而且，带科普任务的学术演讲，免不了要借比较

2013年2月18日"钱思亮先生纪念演讲"合影，右起：陈竹亭教授伉俪、钱复院长伉俪、侯维恕、李嗣涔校长、"中研院"陈建仁与彭旭明副院长及陈丕燊教授。

多的图片来克服"达意"的挑战，然而即使是图片，若不加以诠释，也是无法让人清楚的。其实我一向认为写书乃是其他更通达之人的事，轮不到自己的，但以上种种的原因，在我心里形成了写书的催促力量。这回也就不揣浅陋了。

本书的撰写在2013年有不少耽搁。我原本认为希格斯玻色子要获奖还可能有争议，但2013年3月冬季高能物理大会中，人们宣布不再是发现"似"希格斯玻色子，乃是证实"一颗"希格斯玻色子。从这里可以清楚感受到推动希格斯玻色子得诺贝尔奖的斧凿痕迹。而两年一度的欧洲物理学会高能物理大会于2013年7月正好在斯德哥尔摩举行，邀请了彼得·希格斯本人就电弱对称性自发破坏的希格斯或BEH（布劳特－恩格勒－希格斯）机制的发现过程作报告，地点正是传统上举行12月份诺贝尔演讲的斯德哥尔摩大学大讲堂。报告结束后发问期间，一位带口音的女士没有提问，却对希格斯的报告内容大加赞扬。自此而后，我毫不怀疑希格斯与恩格勒将会获得2013年诺贝尔奖（布劳特已逝于2011年，无缘获奖）。果不其然，诺贝尔委员会在10月初宣布二人得奖，我受邀在台大给相关专题演讲，以及在台大科教中心与《科学月刊》撰稿。这些都使我在暑假后终于开始的撰搞进度大受影响。但最大的影响，其实还是自2012年7月宣布的新粒子（希格斯玻色子）的发现在我心中造成挥之不去的阴霾。

好了，我的书写完了。不敢称为惊人之作，因为我确实也谈不上有什么文笔。但一方面介绍了人类如何认知了夸克的存在，一方面带入了宇宙起源的关联。关于前者，我要承认，

第二章介绍夸克的登场，恐怕是最难读的一章；夸克存在于质子里面，却无法用传统方式分离出来，本来就很不直观。我试着用南部、葛曼与费因曼（被我不敬地在标题中戏称南木、葛蔓与蕃蔓）三位伟大理论家来串场，也确信更多篇幅的解释只会使读者更头昏目眩而已。我相信接下来几章比较让人容易亲近，即使我在第五章引进了公式来解释为何引入四代夸克可让CP破坏增加千兆倍以上，也是不太困难的，希望我尽了科普之责。结束前的第六章，可又困难起来了；但，请你不要跳过它。虽然题材较困难，而且最终多半不会得到大自然青睐，然而我在这里诚心交代当下的尖端粒子物理研究，并真实呈现一位研究者的执着。我相信，不论你是10来岁还是90来岁，是妈妈还是孩子，是学生、老师还是社会大众，都会在阅读当中有身历其境的感受，这是我科普之余的一大目的。而第六章所描述的研究，碰触到当下最大的问题。在大强子对撞机LHC正在运转的年代能就"电弱作用对称性自发破坏之源"作真实的探讨，提出学说，一生已然无憾。

　　或许你读这本书的时候，四代夸克已寿终正寝、盖棺论定，但对我而言，即便如此，一切的努力也是值得的。对读者你而言，希望你也感受了真实的当代研究。但如果所发现的"希格斯玻色子"被验明并非电弱对称破坏的真实源头，而四代夸克复活，则本书的主题可就是切中要害了。

　　感谢吴俊辉教授的引介，使我获邀撰写《科学人》杂志的《四代夸克的追寻》一文（附录二）。感谢李湘楠教授的推荐，使我获邀撰写《科学月刊》的2013年诺贝尔物理奖

2013年7月于斯德哥尔摩与希格斯先生合影
（郭家铭摄）

专文《把"光子"变重了——基本粒子的质量起源》（附录
三）。感谢李嗣涔校长的提携，使我有荣幸给2013年"纪念
钱思亮先生一百零五岁诞辰"的活动做演讲，并感谢"中研
院"彭旭明与陈建仁两位副院长当天的莅临，更感谢钱复院长
及众家人的聆听。感谢台大科教中心及陈竹亭主任多方的协
助，以及多位友人的鼓励。最后，感谢廖映婷小姐对本书完
成多方的贡献。

目　录

一 从1908化学奖说起：Rutherford石破天惊

我们所熟悉的原子图像，是一些电子如行星般绕着很小的原子核转。再拉近了看，则原子核又有结构，乃是由质子与中子所构成。这些似乎自小学、中学起便已熟悉了的常识，不过就是现代人的一种基本认知。但是，人类是怎么获得这个知识的呢？毕竟原子是人类自身尺寸的一兆分之一，而原子核又是原子的十万分之一，这样的知识是不是太神奇了。我们在标题里已经提醒你，是当年Rutherford（即卢瑟福）的"石破天惊"替我们发现的。然而，这1908年的化学奖又是怎么回事？原子的结构难道不是十分"物理"的事情吗？要把故事带到夸克以及夸克究竟与宇宙起源有什么关联，让我们就从这里起头。

卢瑟福

卢瑟福（1871—1937）获颁1908年的诺贝尔化学奖，诺贝尔委员会引述的理由是："因他对元素解裂，以及放射性物质化性的探讨。"1908年12月10日颁奖典礼上，瑞典皇家学院哈瑟伯格院长如是说：

> 卢瑟福的发现，引出了令人高度惊讶的结论，也就是一个化学元素是可能被转换成其他元素的，这与之前提出的任何理论都相矛盾。因此，从某个方面讲，我们可以说研究的进展把我们又再一次带回了古代炼金术士所提倡并坚持的蜕变理论。

注意，这可是炼金术，也就是点石成金术还魂呢。

但哈瑟伯格继续说：

> 虽然卢瑟福的工作是由物理学家用物理方法所做出来的，然而它对化学探讨的重要性却是如此自明又影响深远。因此，皇家学院毫不犹豫地就将原本为化学领域原创工作所设立的诺贝尔奖，颁发给这项工作的原创者。就像以往已经多次证明的，这再一次证明现代自然科学各支脉间彼此亲密的互动关联。

也就是说，卢瑟福既然成就了远古炼金术士所梦寐以求的，怎

卢瑟福及 *The Newer Alchemy* 书影

图左为诺贝尔网页所摆的卢瑟福照片。卢瑟福的遗著就叫 *The Newer Alchemy*（《更新的炼金术》），是根据他在 1936 年 11 月在剑桥所给的赛基威克（Sedgwick）纪念演讲所写的小书。他原本就有疝气，只是没有太在意。没想到疝气突然绞结起来，虽经紧急开刀却仍回天乏术，数天后于 1937 年 10 月 19 日在伦敦逝世，得年 66 岁。

（图片来源：http://www.nobelprize.org/nobel_prizes/chemistry/laureates/1908/rutherford-facts.html; http://zh.wikiquote.org/wiki/File:Ernest_Rutherford_(Nobel).png。这两张图片［或其他媒体文件］已经超过版权保护期。）

能不颁发诺贝尔"化学"奖给他！因为现在所用的 chemistry（化学）一词，正是源自 alchemy（炼金术），而 chemist（化学家）可就与 alchemist（炼金术士）的单词更像了。嘿嘿，但我们念物理的人，心里就不只是有点暗爽了。

其实，卢瑟福自己盼望得到的是物理奖而不是化学奖，因此他在领奖时微酸地（大致）说道："我的研究让我看过各种的蜕变，但从没看过有比我从物理学家蜕变成化学家更快的了。"那么，让我们来了解一下卢瑟福究竟是如何发现元素能够被转换的。

卢瑟福掌握新工具

卢瑟福是一位传奇性人物，1871年出生在新西兰，父亲是移民自苏格兰的农夫，母亲则来自英格兰。他在新西兰大学的坎特伯雷学院（现在的坎特伯雷大学，位于基督城而不是惠灵顿）已从事电磁波收发的研究，于1895年获得奖学金赴英国剑桥大学有名的卡文迪许实验室，师从后来因发现电子而获得1906年诺贝尔物理奖的汤姆逊（J. J. Thomson, 1856—1940）。卢瑟福抵达英国的时候，正逢发现时代的序幕。在汤姆逊手下，他从电磁波天线转而研究X射线（1895年由伦琴［Röntqen］发现，伦琴因而独得1901年首届诺贝尔物理奖）对气体导电的影响，协助了汤姆逊发现电子。当卢瑟福获悉法国的贝克勒尔（Henri Becquerel, 1852—1908，获1903年诺贝尔物理奖）发现铀盐的"放射性"后，自26岁起他改变研究方向，发现有两种放射性与X射线不同。

因为卢瑟福不是剑桥毕业的，他在剑桥的升迁有阻力，因此汤姆逊在1898年将卢瑟福推荐到加拿大蒙特利尔市的麦吉尔大学（McGill University），接替凯伦达教授任物理讲座教授。卢瑟福在麦吉尔大学继续他对放射性的系统化研究，在1899年将他所区分出的放射性命名为α射线与β射线。1903年他又将别人所发现从镭释出的一种新的、极具穿透性的中性射线，命名为γ射线。所以，大家耳熟能详的α射线、β射线、γ射线，全都是卢瑟福命名的。他又发现并命名了放射性半衰期，亦即放射性物质的放射性强度有随特定时间减半的通则。

他与索迪（F. Soddy, 1921 年诺贝尔化学奖得主）提出原子衰变理论，证明放射性乃是原子——那时卢瑟福还未发现原子核，并不明白原子结构——自发衰变成其他原子所引发的，也就是说一种元素有可能自发地转变成另一种元素，成就了他后来的诺贝尔奖。1907 年，他回到英国，在当时无与伦比的日不落帝国核心的曼彻斯特大学任物理讲座教授。

在回到英国前，借着对于 α 射线质量与电荷比的研究，卢瑟福已然推测 α 射线乃是具有双电荷的氦离子。而在曼彻斯特，他设法将 α 射线粒子收集到真空管中，在中和了 α 射线粒子的电荷后，借放电所产生的光谱，确证该中性气体就是氦气。因此，我们对 α 射线乃是 He^{++} 离子的了解，又是卢瑟福告诉我们的。就在汤姆逊因 1897 年发现电子而于 1906 年荣获诺贝尔物理奖后两年，卢瑟福也因他对放射性的研究，理解了元素转换的奥秘，实至名归地独得 1908 年诺贝尔奖，只是乃是化学奖而不是物理奖。这发生在他自加拿大返回英国之后，但主要工作是在加拿大完成的。

卢瑟福是科学界极少数在获得诺贝尔奖后才做出他最著名工作的人。试想，到现在究竟还有多少人知道卢瑟福得的是化学奖？如果前面的 α 射线、β 射线、γ 射线，半衰期，α 射线乃是 He^{++} 等等还不够看的话，要知道他得奖后，在 1911 年发现原子结构乃是一群电子围绕极小的原子核，又在 1918 年实验证明质子存在于原子核内，并在 1920 年推测中子的存在（12 年后，于 1932 年由门生查威德克［James Chadwick, 1891—1974；独得 1953 年诺贝尔奖］发现）。可以说，他不但替人类解开了原子结构（从而引出量子力学的理论！），且把我们带入原子核内质子与中子的世界。如此突破性的巨大贡献，他实在该再得一个诺贝尔物理奖的！

　　但卢瑟福又是如何成功的？除了锲而不舍的持续追寻外，借他自己的研究，他掌握了新工具，正是前述的α射线，并对α射线粒子的了解。这里面有启示和寓意。我们在门外之人，特别是深受升学考试制约的"老中"，因着学习方式多不求甚解，因此常常不够、不能理解他人何以成功，特别是在基础科学或创意研究方面。这里面因素当然很多，但在卢瑟福身上，我们看到一个秘诀，就是：掌握新工具，探讨未知的领域。

My Hero：卢瑟福"石"破天惊

　　卢瑟福是我个人心目中的英雄。自牛顿以来，爱因斯坦无疑是自然科学界的表率，而我年轻时被物理吸引，乃是盼望能有"老爱"和海森堡般的洞察与成就。但在卢瑟福身上所凸显的，则是老爱和海森堡所没有的，更是"当代老"中所缺的，却是物理学的核心，是西方文明崛起的一大基石，也就是实证科学。西方科学是借实证求教于自然，这岂不是一种谦卑？而物理学乃是实证科学，这尤其与东方人常常把物理学想得很理论大相径庭。

　　言归正传。因着卢瑟福在麦吉尔大学的杰出表现，曼彻斯特大学的阿瑟·舒斯特（Arthur Schuster, 1851—1934）教授决定辞去物理讲座一职，条件乃是要卢瑟福接任。出生在德国的舒斯特，接近成年时才随着从事纺织业的父亲移民到英国。舒斯特于 1900 年在曼彻斯特大学建立了一个先进的新实验室，是卢瑟福可以迅速接续他在麦吉尔的研究的一大助力。有趣的是，有名的盖格计数器的发明者，汉斯·盖格（Hans Geiger，1882—1945，也是德国人），也可以说是舒斯特替卢瑟福预备的"博士后助理"。

除了良好的实验室及得力的年轻助手外，卢瑟福在 1908 年获维也纳科学院"借"给他 250 毫克的镭，也相当程度地帮助了他对 α 射线的后续研究，其中包括在前面已描述的 α 射线粒子乃是 He^{++} 离子的证明。在从事这个实验、记录 α 射线粒子的数目时，发现到真空管中残存的气体对计数有影响。因此，盖格开始探讨 α 射线因气体而产生的些微散射，导致了有名的盖格–马斯登"金箔实验"，其结果于 1909 年发表。

1889 年生的马斯登（Ernest Marsden, 1889—1970）当时还是曼彻斯特的大学生，与盖格一同进行金箔实验。卢瑟福一方面称许他们的耐性，一方面自嘲说他没

舒斯特于 1851 年出生在德国，先后曾在法兰克福及日内瓦求学，18 岁时随着从事纺织业的父亲移民到英国曼彻斯特。自小便对科学十分有兴趣的舒斯特，说服父亲让他进入欧文学院（今曼彻斯特大学）就读。在取得博士学位后，优渥的家境便成为他最初的研究经费来源。舒斯特于 1888 年接任物理讲座，使得他有机会在曼彻斯特大学建立一个先进的实验室。1907 年，56 岁的舒斯特决定引退，并指定卢瑟福作为接班人。而舒斯特一手设计的实验室，不久便跻身世界前四大实验室之列，足以与卡文迪许实验室互别苗头，除了实验室设备良好以外，一大原因是卢瑟福在此完成了他最著名的工作——透析原子结构，也见证了舒斯特的慧眼识英雄。舒斯特直到 1934 年才去世，享寿 84 岁。

这个硫化锌闪烁屏幕，就像早期的盖格计数器一样，是卢瑟福与盖格共同开发的。而用金箔的原因也很简单，乃是利用金极佳的延展性，好尽量接近单层原子散射。当时的实验，乃是用眼睛经显微镜盯着约1mm²面积的区域持续观看约1分钟才眨眼休息一次，之前要在暗室让眼睛适应半小时。据说这就是为什么卢瑟福常是咒骂着离开实验室，把观测留给年轻人。

有办法坐在台前日以继夜地用显微镜观看硫化锌屏幕，计数α射线粒子打到时的闪烁。这个实验的目的，简单说来是验证所谓的汤姆逊"葡萄干布丁"原子模型。汤姆逊是卢瑟福的老师，因为发现电子而获诺贝尔奖，因此终其一生想要证明他的原子模型，亦即正电荷及质量好似布丁本体般均匀分布，而几乎不占质量的电子则如葡萄干散布在"布丁"中。如果汤姆逊的原子模型是对的，那么因为α射线粒子的质量远远大于电子质量，因此将α射线粒子射向金箔观察其散射时，α射线粒子就好比汽车在高速公路上撞上小鸟一般，是不怎么会偏离原方向的。盖格与马斯登所看到的果然如此。

或许是为了让年轻的马斯登多一点事干，卢瑟福福至心灵地建议盖格与马斯登移动显微镜的方位到大的散射角度，看看是否有这样的散射。这在汤姆逊原子模型，或当时任何其他原子模型，是应当不会发生的。令人意外的是，虽然数目不多，但确实是有α射线粒子自金箔的大角度散射，而且数目与散射角有平滑但高阶的函数关系。这时，就像能与索迪提出对原子衰变的理论解释一样，卢瑟福展现了他的洞察与解析能力，也就是物理学家提出"实证定律""实证理论"的美好传统，这不一定属于纯理论家的天下，譬如伟大的法拉第，或牛顿的棱镜分光实验。

盖格与马斯登所看到的 α 粒子自金箔大角度散射的现象，困扰了卢瑟福两年之久。让我们看看盖格的描述：

> 有一天，卢瑟福红光满面地来到我的房间，说他现在知道原子长的是什么样子，并如何解释 α 粒子的大角度散射了。就在当天，我开始进行实验来检验卢瑟福所预期的散射粒子数与散射角度的关联。

卢瑟福的天才让他抓住了一个看似不大重要的细节（有些许的大角度散射），转换成对于原子内部结构问题的线索。他在 1911 年便发表了相当完整的一篇关于原子具有极小原子核的原子结构理论，得到盖格实验的初步证实，并在接下来一连串的漂亮实验中得到精确验证。

我们可以用卢瑟福自己的话来体会大角度散射之所以令人费解。卢瑟福说："就好像你向一张卫生纸发射一颗 15 英寸的炮弹，它却反弹回来打你！"这固然令人错愕，但，卢瑟福究竟是什么意思呢？卢瑟福已知 α 射线粒子是 He^{++}，质量是电子的将近 8000 倍，以高速射向金原子。金原子有许多颗电子，但高速 α 射线粒子撞上电子，就好比炮弹穿过一些碎纸片，炮弹是几乎不受影响地继续前进。这就符合汤姆逊的"葡萄干布丁"

原子模型，因为"布丁"若是带有金原子总质量的正电荷的均匀分布，散射情形不会与电子有太大差异。但请注意，在这里其实埋藏了一个对未知的合理假设（布丁若是……）。

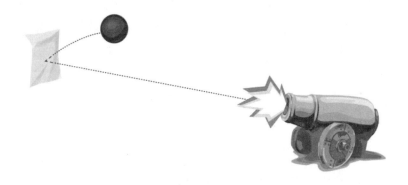

　　盖格-马斯登金箔实验所看到的α粒子散射，的确如汤姆逊模型所预期的一般，绝大多数都接近原方向。但大角度散射呢？不要忘了，汤姆逊是卢瑟福的老师、大英帝国物理界第一把交椅的卡文迪许实验室主持人、诺贝尔物理奖得主，因此连卢瑟福的思维，也是从汤姆逊模型出发，更不用说徒弟盖格或听命行事的徒孙马斯登了。因此卢瑟福会说，好似炮打卫生纸，却被炮弹反弹给打到了！这个问题在卢瑟福脑中两年之久，挥之不去（但似乎没有那么困扰徒子徒孙如盖格与马斯登？）。终于有一天，他抓到了契机：电子的质量在原子中微不足道，因此如果几乎所有的质量都集中在一点——这一点必然是原子的核心或中央位置——那么就好似在卫生纸后面藏着固定的钢板，就难怪炮弹有可能反弹回来了。更确切地说，如果带几乎所有金原子质量的正电荷集中在原子核心，那么就不但能解释类似汤姆逊模型所预期的主体散射结果，又能解释为什么有些α粒子可以被大角度散射，甚至反弹回来，因为α粒子正好飞到非常靠近正电荷集中又重得多的"原子核"。这就好比原先所说汽车在高速公路上撞上小鸟不会有大碍，但若撞上十八轮大卡车就被撞飞了。再进一步说，物理学不只是凭空想象，更可以、也应当数字化。卢瑟福根据已知的电学与力学推算一番，便胸有成竹、红光满面地走进盖格的办公室⋯⋯

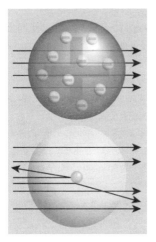

上图葡萄干布丁模型
下图卢瑟福原子模型

正电荷与几乎所有质量集中在中心，极轻的电子布散在周遭。（图片来源：http://zh.wikipedia.org/ wiki/ File:Rutherford_gold_foil_experiment_ results.svg。）

我们称卢瑟福"石"破天惊实不为过，因为卢瑟福所引导的实验以及他对结果的诠释，打开了原子结构的奥秘，又同时发现了原子核的存在，的确震古烁今，因为前人可没这样想过，这是人类知识的大突破。但为何我们把"石"放进引号里呢？因为卢瑟福实验既不是打破石头，也不是点石成金，而是对"金"箔做散射实验，可说是"金"破惊天。其实金原子也没有真被打破，或点金成石。这项工作确实石破天惊，只是不知何故，未能撼动诺贝尔物理委员会衮衮诸公的脑袋。卢瑟福又进一步在1918年证明氢原子核存在于所诺贝尔委员会的资料保密 50 年，如今已可查阅。他的诺贝尔奖，看来是成也阿氏败也阿氏（瑞典人斯凡特·阿伦尼乌斯［Svante Arrhenius］，1859—1927，独得 1903 年化学奖）。诺贝尔奖是提名制，1908 年卢瑟福在物理奖有五项提名，化学奖有三项提名，而阿氏在两个奖项都提名卢瑟福。其实那一年汤姆逊也有提名卢瑟福，但信到得太晚，因此算为 1909 年的提名。当时的委员会普遍认为镭的放射性属于化学范畴，因此卢瑟福获得 1908 年化学奖，使得汤姆逊的提名在 1909 年无效。1922 年，波尔因原子模型获多人提名，卢瑟福也被考虑，但委员会认为他所用的方法与 1908 年化学奖相似，而波尔原子模型更优，因而波尔独得该年诺贝尔奖。1923 年的提名强调质子的发现。这时委员会请阿氏写调查报告，他在报告中反对再颁给卢瑟福第二个奖，因为"少有给第二个奖的""他自己的国人没有提名他""他的身份与做研究的机会不会因第二个奖而有多少改变""他已然位居大英帝国最高的位置了"。卢瑟福 60 岁以后，有人年年提名他直到他过世，但诺贝尔委员会总是以卢瑟福的后续成就与 1908 年化学奖的工作性质类似为由而未予考虑。(参考 Cecilia Jarlskog，http://cerncourier.com/cws/article/cern/36678。)

有原子核中，因而将其命名为"质"子（proton），并在两年后推论原子核里应当还有与质子质量相近，但不带电荷的粒子，据而命名为"中"子。中子在 12 年后由其门生查威德克发现。

原子结构、原子里面有仅为十万分之一而集中正电荷与质量的原子核，原子核由质子与中子构成，这些知识都是由卢瑟福所发现，岂不是伟人事业？是的，这样的成就或许真的超越诺贝尔奖了。至于打破原子又为何惊"天"呢，且看我们继续分解。

宇宙的"演化"

宇宙（Universe）起始自约 137 亿年前的"大爆炸"（The Big Bang），这个知识已经家喻户晓。但，你可曾想过，从那奇异而爆烈的起点，是怎么演变（是演变或发展，而不是生物

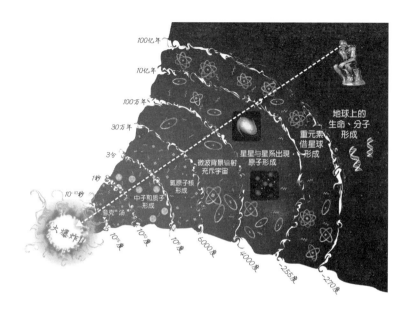

宇宙"演化"图

宇宙起自137亿年前的大爆炸，直到没多久以前才出现人类，人类出现后也仅在过去短暂时间里开始看透生命及宇宙的远古迷雾，开始追问这一切从哪来、为何会是这样，等等。

学所讲的演化！）出我们这绚丽又浩瀚的宇宙、我们安身立命的居所的呢？而真正神奇的是，从百亿年的尺度来看，出现比须臾还短的人类，在出现仅极短时间之后，又在好似比一眨眼还短的最近，开始透视宇宙、透视自己，又提问[1]："自那奇异的大爆炸起点，是怎么发展成浩瀚的宇宙、地球绚丽的生

――――――――――

[1] 究竟是哪个奥秘大：是浩瀚宇宙的存在，还是存在于浩瀚宇宙中微不足道的我们？或许宇宙中还有别的智慧生命，或许没有。但人类的出现、问东问西的自觉意识的存在，似乎也为全宇宙带入了自觉意识。这就是罗丹的 Thinker 震撼之处。

罗丹沉思者雕像

沉思者在思索什么？最深切的思索，是"这一切从哪里来？"以及"为什么我能思索这个？"（图片来源：http://www.ar-tchive.com/artchive/R/rodin/thinker.jpg.html。）

命——以及问这一大堆问题的我们的？"最神奇的奥秘莫过于此！

本书介绍夸克并探讨夸克与宇宙起源究竟有什么关联。虽然在18、19世纪之交，道尔顿等人已用科学方法推断出当年希腊人的"原子"猜测乃是真实的，但原子或atom的希腊文原意本来就是不可分割的意思，这并没有被化学的发展或19世纪的物理学改变。因此，在道尔顿原子说之后一百多年，卢瑟福透视了原子，"看"到所谓的原子不是不可分割的，乃是在原子深处有个质量与正电荷超级集中的、硬梆梆的原子核。你说，卢瑟福的洞察与发现是不是石破天惊呢。卢瑟福又进一步分析出原子核是由质子与中子构成。因为如今已众所周知，所以看似简单，其实不然！这些带正电的质子，挤在仅为电子在原子内所悠游的空间十万分之一的范围，那么，由质子与中子构成的原子核为什么不会因为极大的静电斥力而爆开呢？所以，虽然人类在当时无从探讨起，但卢瑟福发现原子核，又发现原子核由质子与中子构成，预告了质子与中子彼此之间有一种"核作用力"是人类前所未知的，而且比熟悉的电磁作用力要强非常多。这样的核作用力称为"强作用力"。

地球与太阳，无疑是由极多的各种原子或原子游离成的离子与电子所组成，而剥光了所有电子的离子，就是原子核。原子核由质子与中子构成，所以起初的质子与中子从何而来？我们又再一次体会到，卢瑟福的洞察与发现是如何石破天惊，因为是借着他的发现，人类才可以问出这个更深切的问题：起初的质子与中子从何而来？我们会发现这个问题含有许多层面，包括我们在后面章节要导引出的更进一步透析，看到当年卢瑟福的洞察与发现，究竟是如何惊"天"。因为连当时卢瑟福自己都不知道，人类从此开始真正踏上探究宇宙、也是自身起源的道路。

在这里，容我们先说，质子与中子在宇宙几秒到几十秒大的时候，就形成出来了，当时宇宙的温度超过百亿度，比太阳核心的温度高了千倍以上。而我们只要再加上几个关于质子、中子与另一些"核作用力"的知识，我们对早期宇宙的后续发展及其与我们的关联就可以了然。

我们知道质子就是剥掉一颗电子的氢离子，而电子质量只有质子的约 1/1836。中子非常像质子，只是不带电荷，质量只比质子多了约千分之 1.378。而除了质子与质子、质子与中子、中子与中子间维系原子核的强作用力外，当年最早由贝克勒尔所发现的放射性、由卢瑟福所区分出的 β 射线，其根源是原子核里的中子衰变成质子，同时释放出一颗电子（β 射线）再加一颗如鬼魅般难以捉摸的微中子 ν 的"反粒子"，也就是 $n \rightarrow p+e+\nu(\text{bar})$ 的衰变。自由中子 β 衰变的半衰期约 15 分钟，亦即自由中子经过 15 分钟数目会减半。然而不但像化学反应式可有逆反应一样，前面中子 β 衰变的反应，还可以把参与的粒子从左边移到右边，或从右边移到左边，只是做这样的移动的时候，要把该粒子变成其"反粒子"，例如：

$$p+e^- \leftrightarrow n+\nu,$$
$$n+e^+ \leftrightarrow p+\nu(bar),$$

用话说出来，就是质子与电子相遇可以转变成中子加微中子（反向亦然），或中子遇上"正"电子，亦即电子的反粒子，可以转变成中子加"反"微中子（反向亦然）。这些反应式乃是双向的，向左或向右进行都可以。在这里我们已顺势置入、最初步介绍了所谓的"反物质"，是我们在后面讨论宇宙起源时的重要角色，但容我们到第四章时再深入地介绍。以上的几个反应是都进行很慢的（核）"弱作用力"反应。

回到当下我们对宇宙起源的介绍，让我们只肤浅地讨论一下最轻元素，就是氢与氦——像太阳的恒星的基本成分——是怎么来的（参考第13页图）。从宇宙更早、超过百亿度时的"夸克汤"冷却下来，众夸克结合成质子与中子。但因为温度仍炽烈，在温度还没有降到更低时，两颗质子加两颗中子可"烧"成一颗氦原子核（即 He^{++}）。这个反应牵扯到氢的同位素氘与氚作为中间过程，我们不在这里交代。重点是氦原子核是每单位"核子"（质子与中子质量非常接近，若不加以区分则通称为核子）的束缚能量最高，因此可说是"绑得最紧"的原子核，所以相当稳定。此时，因宇宙膨胀率、温度下降率与反应速率等因素，约25%的质子与中子被收纳成氦，与我们在众恒星所观察到的相同。此后，温度下降以致两颗质子加两颗中子烧成氦的反应不再进行——

其实可说是为10亿年后星球开始形成时储备恒星燃料——上述弱作用反应将质子与中子数维持平衡。只是因中子比质子稍重，所以不仅中子变成质子的反应比质子变成中子的反应较容易进行，而且到温度与密度降到更低时，自由漂浮的中子最终也借衰变转成质子了。我们这就理解了为何恒星的主要成分是氢与氦。

在下一章，我们介绍人类是如何获知在核子——质子与中子——里，还有进一步的结构，也就是夸克的登场。

来介绍一个脑筋急转弯的问题：若中子比质子轻了约千分之1.378，世界会怎样？如此一来，是质子会衰变成中子和反电子加微中子，而中子却是稳定的。但还会有氢原子和水，以至于生命吗？可以想一想。另外，即便在我们的世界，如果两颗质子加两颗中子烧成氦的反应速率再快一些，在宇宙初始所有的氢便都烧成氦了，还会有像我们太阳一样的星球吗？生命呢？

二 南木、葛蔓、蕃蔓的洞察

　　我们从小就知道原子里有原子核，原子核由质子与中子构成，而质子与中子里则似乎还有夸克。在第一章，我们学到应该要如何来感谢卢瑟福，为人类解开了原子、原子核到质子、中子的奥秘，使之成为现代人的基本知识。人类对物质世界的透视，因认识原子核的存在，确实超越了希腊哲人的想象。卢瑟福并没有进一步告诉我们夸克的存在，但他留下了线索，甚至提供了继续研究的方法。

　　我们究竟是怎么知道质子、中子里有夸克存在的？本章要从三条脉络，借三位主要人物——南部、葛蔓与蕃蔓，介绍人类是如何解构质子，发现"强子"里面还有夸克——"部分子"。蕃蔓就是很多人都知道的物理大师费因曼。我们略为玩弄一下译名，并在标题中刻意使用我多年来对 Nambu 日文汉字的误解，好让夸克与次质子结构的发现有如花草树木般在人间长出来。因考虑篇幅，本章极为浓缩简略。

原子核乃是一滴"核子"

就像雨点乃是一滴水，原子核乃是一"滴"核子——借核作用凝结而成。让我们来说明一下。

卢瑟福发现了原子核的存在，大小约只有原子的十万分之一。他又解析出原子核由质子与中子构成，原子核的质子数就是该原子的电荷 Z，即原子序，而质子数加中子数就是原子的质量数 A。Z 决定了原子的化学性质，而 A 大致就是该原子与氢原子的质量比……到这里，卢瑟福为人类带入新的明显却又隐晦的问题：为什么原子核的大小约为原子的十万分之一？而在为原子十万分之一的局限空间里要挤入 Z 颗质子，为什么原子核不会因为质子间的巨大斥力而炸掉？要明白后面一个问题，只要回想原子的形成乃是原子核的正电荷吸引着周遭的电子，因此我们很快看见原子核里头当有一种新的"核作用力"，将 Z 颗质子与 A—Z 颗中子绑在一起。这个前所未知的新作用力应当比电磁力强得多，我们从而推论，一但释放或能操控这个作用力，它的威力将非常惊人，也就是人类后来发展出来的核子弹及核能。

但在 1910—1920 年代，波尔继卢瑟福原子模型提出量子化假说而解释了原子何以能够稳定存在，既而有海森堡与薛定谔等人发展出来的全套量子力学，不但解释了化学，且导致人类驾驭原子以至成就了今日的微电子文明。物理学家在这些方面既忙碌又成功，使得原子核物理的进展显得相对缓慢。

事实上，卢瑟福在1920年左右只是提出原子核中还当有与质子质量相当但电中性的中子，但实验的发现[①]，则要等到1932年他的门生查威德克的工作。自此而后，因中子与质子质量十分相近，海森堡很快地便将其与自旋模拟提出同位旋（Isospin）的新概念，又有1934年费米将β衰变与电动力学模拟而提出所谓的费米理论，人类终于开始向破解原子核的奥秘迈进。

我个人很好奇接下来的发展为何会在东方的日本发生，因为确实是27岁的汤川秀树（1907—1981，1949年独得诺贝尔奖）在1934年提出了划时代的"介子"理论，成功地透视了核作用力的机制。为了要了解核作用力，汤川将费米理论与电动力学所做的模拟再推进一步。面对中子的β衰变，$n \rightarrow p+e+\nu$（bar），费米借量子电动力学在1930年代发展的经验，将其看作$n+\nu \rightarrow p+e$的等效散射过程，再将其与电子-电子借交换光子散射的模拟，但把对应的"光子"省去而写下相关的方程式。

虽然与电动力学做模拟，费米的跳跃思考也可说是他的实事求是，在他的β衰变理论中将模拟于光子的交换粒子省去了。但面对核作用力理论时，汤川却将费米理论的模拟做反向思考。他仍与电动力学做模拟，将质子与中子间交换一颗带电荷的"π^+介子"来建构核作用力的反应过程。更独到的是，汤

---

① 查威德克发现中子，有精彩的故事，我当年在台大物理系学生刊物《时空》曾为文《锲而不舍的精神典范》予以简述，后登载在2003年的《物理双月刊》。此文收为本书之附录一。

川引入量子力学的概念，将原子核的大小尺度，解释为所交换的π介子质量的对反，亦即：

$$1/m_\pi \sim fm \qquad (1)$$

将原子核的大小与交换的介子质量关联起来[①]。此处的f乃是千兆分之一（10^{-15}），因此fm即原子大小约百亿分之一米的十万分之一（大家比较熟悉的nm或纳米，乃是10^{-9}m或十亿分之一米）。如果光子是电磁波或电磁作用力的传递粒子，那么π介子便是介子波或核作用力的传递粒子。汤川的突破可说是把电磁理论的基本概念推广了，因为大家所熟悉的库伦力与距离平方成反比特性，其实乃是反映了光子没有质量。但汤川的介子理论则将库伦力的平方反比形式加上一随距离而指数递减的系数，使得核作用力在一两个fm之外就不再有影响，因此是短程作用力。

汤川所提出借介子交换的核作用力，其强度是电磁作用的约2000倍，而上述种种皆可用量子与场论的概念深入解释，在此则不表。汤川不但为核作用力提出了完整解释，而且他的解释预测了一颗新粒子，即π介子的存在，其质量与核作用力的作用范围相关，等到1940年代实验发现他所预测的π介子，"因他……所预测的介子的存在"独得1949年诺贝尔奖实至名归。

有趣的是，在汤川理论之后，有25年之久，我们对核子的图像没有长足的进展。但就像我们一开始所描述的，原子核

[①] 经由我们所省略的普朗克常数 *h* 以及光速 *c*。fm 又称费米。

确实是一滴核子。水滴是水分子借内聚力凝聚而成，而水分子间的内聚力也是一种短程力。因此，原子核是借极强的短程核作用力将质子与中子凝聚而成。对原始汤川理论的唯一补充，乃是还有中性 π^0 介子的存在，其质量与 π^+ 介子十分接近，也进一步印证了海森堡所提出的同位旋概念。

汤川秀树本姓小川，1932 年因入赘医生之家而改姓，他也因此从京都搬到大阪。他是 1938 年获颁大阪帝大理学博士（D. Sc.）之后才于 1939 年回到京都帝大任教授职。

1929 年汤川的京大学士论文便以狄拉克 1928 年的相对性电子理论为根基，而就像当代的日本学者一样，他很认真地勤读西方的期刊与书籍。当时人们普遍认为原子核仍由电磁作用力主宰，因此牵涉到电子。但电子有一个基本长度，也就是所谓的电子康普顿波长，却比原子核的大小大了百倍，因此若电子进到原子核恐怕无法以一般的量子力学来讨论……但电子又可借 β 衰变从原子核内辐射而出，问题看起来好难。

查威德克在 1932 年发现中子带来一些改变，但起初人们仍把中子当作质子与电子的组态。海森堡在 1933 年提出同位旋概念及其他想法，中子被视为"中性质子"，自旋与质子一样是 1/2，因此不可能是质子与电子的组态。在 1933 年 10 月有名的索尔维（Solvay）会议中，费米听说了鲍立（Wolfgang Pauli）所提 β 衰变可能有伴随的无质量轻粒子辐射来维持能量守恒，回到罗马提出了他的 β 衰变新理论。事情的发展对汤川已到达临界点。

汤川自然很积极地阅读海森堡 1933 年的论文，原本也以电子进到原子核为出发点探讨质子与中子间的作用力。他在 1933 年探讨形似 $1/m_e$ 为作用范围的想法，但当中的质量用的乃是电子的，所以长度是原子核的百倍，因而他自认推测是错的。当他读到 1934 年费米的论文时，已经有人将费米的交换粒子以已知的粒子或粒子组态去讨论，发现行不通。汤川因而决定不在已知粒子中去找核作用力的媒介粒子，提出了他的介子理论，并预测新介子的质量将是电子的约 200 倍。

其实在他提出的头两年，并无人理睬。但 1936 年，发现反电子的安德森（Philip Anderson，因凝态理论获 1977 年诺贝尔物理奖）在宇宙线事件中发现质量是电子 200 倍的新粒子踪迹，使汤川很快在 1937 年便声名大噪。然而，到二次大战后鲍威尔所发现的正版 π 介子，证实 1936 年所发现的新粒子乃是 π 介子衰变的产物（后来所谓的 μ 轻子）。

汤川在日本战后的破败中能很快获得诺贝尔物理奖，且是日本人获诺贝尔奖的第一次，对日本人自尊心的恢复提供了相当的鼓舞。

南部的惊人洞察

自1930—1940年代起，实验的进展让人们开始探讨质子结构，但越探讨越令人迷惑……

我们要介绍帮助人类"雾里看花"或看穿迷雾的当代传奇性人物：1921年生于日本东京的南部阳一郎（Yoichiro Nambu，1921—　）。他的想法与洞察既多而又常常比较深刻，不容易以简单话语解释，因此我们仅略作描述。南部在东京大学受教育，除了被粒子物理吸引外，因为当时东大的粒子物理不如京大，反而让他对凝态物理也有所接触。他获东大理学博士后，于1950年代赴美，在普林斯顿高等研究院待过一阵，最后于芝加哥大学落脚。他深受1957年的超导体BCS理论（1972年诺贝尔奖）影响，在1960年左右对质子结构有所洞察并提出示范性的模型，领先时代至少10年。

在汤川的介子理论里，介子是强作用的媒介粒子，汤川将其质量与核作用力的短程特性相连，从原子核的大小预测介子的质量介于电子与质子之间。但人们发现π介子之后，却发现还有更多种的"介子"，且质量甚至开始超过质子。实验也发现了比质子质量高的新"重子"。介子都是自旋为整数的所谓玻色子，而重子则与质子、中子类似，为带"半"（整数加1/2）自旋的所谓费米子，而介子与重子都参与强作用，因此通称为"强子"。简言之，人类想要了解质子结构，却拉出一拖拉库的强子，越弄越扑朔迷离……但就在这弥我们无法详述超导体的BCS理论，但BCS对应到巴丁、库珀与施里弗（Bardeen、Cooper、Schriefer）三位学者，其中巴丁是唯一一位得过两次诺贝尔物理奖者（第一次是因电晶体于1956年获奖）。简单地说，BCS理论是以电子与电子间借交换声子——十分像交换光子——而形成所谓的"库珀对"（Cooper pair）而成复合玻色子，若温度降低减少热扰动，库珀对的玻色子性质可以形成"玻色–爱因斯坦凝结"（Bose-Einstein condensation）成带电超流体，是为超导现象。重点是，BCS理论根据材料的特性乃是可算的；也正因为无法以BCS理论解释，再加上对实用性的期待，1980年代高温超导体的发现（1987年诺贝尔奖）才会这么红。但BCS理论如何启发了南部，不容易在这里说清楚。

漫着强子迷雾的年代，因着BCS超导体理论的出现，让知识跨入凝态理论的南部抓到了契机。就像费米与汤川，南部用的也是模拟的思考，但他的这番模拟[①]，牵涉到BCS理论，我们不在这里详述。

南部在1960年的洞察，简言之如下：

· 质子之内存在很轻（几乎无质量）的未知费米子；

· 它们之间有未知作用力；

· 该作用力引发"自发·对称性·破坏"（SSB, Spontaneous Symmetry Breaking）

→质子变很重；

介子质量近乎零（因未知费米子几乎无质量）。

注意：他的推论乃是相当重的质子里面有很轻的未知费

---

① 我在2009年受邀在"味物理与CP破坏"FPCP学术会议中对物理学家讲解南部及同时获奖的小林与益川的获奖理由，登录 arXiv:0907.5044[hep-ph]，可以参考。

米子（还不知是啥的新粒子！），它们之间有未知作用力（还不知是啥的新作用力！），此作用力虽未知却会引发对称性破坏（！），导致质子重而介子轻……这听起来是不是太神了一点？但南部还与合作者在1961年提出简单模型，即所谓的南部–乔纳–拉希尼欧（NJL）模型，将上述机制具体化。南部在混沌的1960年代初，看明质子结构反映出自发对称性破坏，被破坏的乃是所谓手征对称性，即费米子左–右手性的自发破坏。

南部的洞察，虽借NJL模型让人能够略为琢磨，但这番透视太深刻了，在当时不大能被"一般"物理学家看得懂，事实上到现在都还有很多人不大懂。但我们如今确实知道：南部所说质子中几乎无质量的未知费米子便是所谓的夸克；它们之间的未知作用力则是到1970年代才发现的量子色动力学；而量子色动力学确实会引发手征对称性自发破坏。因此诚然如南部所言，质子变很重，而介子质量近乎零。事实上，若夸克质量真为零，则介子质量亦将为零，这是所谓的戈德斯通或"金

2013年诺贝尔奖颁给弗朗索瓦·恩格勒（François Englert，1932年生）与彼得·希格斯（Peter Higgs，1929年生），便是将自发对称性破坏推广到规范场论，发现质量为零的南部–金石粒子被原本亦无质量的所谓规范场杨米尔斯玻色子"吃掉"，后者因而变重。这个使规范粒子变重的机制其实并未违反规范不变性，一般称为希格斯或BEH机制。诺贝尔委员会在2008年颁奖给南部，部分原因可说是为BEH机制得奖铺路。可惜恩格勒的合作者和同事，罗伯·布劳特（Robert Brout，1928—2011），已在2011年过世，未能亲享荣耀。但南部的贡献由此可见。

石"（Goldstone）定理，而介子则为所谓的南部-金石粒子。然而介子质量近乎零但不为零，因此是所谓的"赝"南部-金石粒子，其质量反映了夸克质量本身不为零，此"直接"夸克质量乃是直接破坏手征对称的。

我们现今能理解质子质量，特别是在平方后远大于介子质量的平方（$m_p^2 \gg m_\pi^2$），是拜南部的惊人洞察。他在2008年87岁时终于"因发现次原子物理的自发对称性破坏机制"的普世贡献获得诺贝尔奖。其实他对物理学的贡献远大于此，而他的诸般贡献有一共通性：见解深刻而创新。

1950—1960年代的强子动物园

鲍威尔（Cecil Powell，1903—1969，1950年独得诺贝尔奖）的团队借二次大战时所发展的照相乳胶技术，于1946年侦测到汤川的$\pi^\pm$介子，因而汤川与他自己分别独得1949与1950年的诺贝尔奖。理论家所推测的π^0介子也在1950年借回旋加速器（cyclotron）之助发现了。强子的世界在那时看来仍是简单的，即质子p与中子n组成同位旋与自旋均为1/2的核子N，而π^+、π^0、π^-组成同位旋为1而自旋为0的介子π（π^-为π^+的反粒子），核子N借交换介子π而束缚在原子核里。卢瑟福所发现的原子核可以被解释，众多原子（核）以及众多元素只不过是核物理的体现，物理学又再一次获得重大胜利完美的结局。

可惜人类并未从此快活度日（live happily ever after），因

为就在鲍威尔发现 π 介子之后不久，人们发现了所谓的 V 粒子（产生的轨迹如 V 般分岔），而且其性质"奇异"，是为后来的 K 介子与 Λ 重子的先河。为了理解这些"奇异"粒子的特性，人们提出所谓"奇异数"S 的概念：S 在强作用中守恒因此成对产生，但在弱作用下不守恒因此可 β 衰变。到了 1950 年代，随着加速器的发展，新强子不断出现，事情变得有些不可收拾。我们无法——细数，但重点是如 29 页之图所示绘在电荷 - 奇异数或 Q-S 平面上的介子及重子八重态，而不论是介子还是重子，都增生出很多新强子"共振态"，重子甚至还有十重态。人类为了了解原子核问题，打破砂锅问到底，没想到却像打开了潘多拉之盒一般，扯出了料想不到的新问题。

不过呢，上面所用的语言以及图标已然经过极大的整理，其情形非常类似于 19 世纪的化学分类。新"化学家"出现了，其中的佼佼者便是著名的葛蔓（Murray Gell-Mann，又译盖尔曼，1929 年生，1969 年独得诺贝尔奖）。是他及一些其他人所做的系统学的工作，将多如过江之鲫的"强子动物园"分类整理成上述的图像，其工作好似 19 世纪中叶的门捷列夫（1834—1907）！

葛蔓引用佛家的"八正道"称呼这样的分类，背后的数学乃是一个 SU(3) 群。

1964 年夸克模型

葛蔓推出"八正道"，玩着数学 SU(3) 群论的"表示"

（representation）游戏。但八正道或八重态乃是SU(3)群的"伴随"（adjoint）表示而不是"基础"（fundamental）表示。SU(3)群的基础表示乃是一个三重态，也就是"SU(3)"里面的3，而$3^2-1=8$，就从两个3（其实是3与反3）组合成8。于是，葛蔓将基础三重态称为"夸克"（quark）q，在1964年提出夸克模型：介子可由q与反q组成，而重子则由三个q，即qqq组成。因此，复杂而叠生的介子与重子多重态乃是q与反q（介子）、qqq（重子）组态及其激发态。介子与重子八重态在夸克模型之下，解构为q加反q以及q加q加q的复合体，如35页图所示。而重子十重态也在夸克模型之下得到良好的解释。这也没什么好稀奇的，因为在群论架构下，如伴随表示的较高表示当然可以由基础表示的直接成积（direct product）建构出来。

在这些图像里，我们已将原来的Q-S，换成同位旋的"z轴"分量I_3及所谓的超荷（hypercharge）Y。与自旋相模拟，π介子的同位旋I为1，因此在"z轴"的I_3分量可为-1，0，+1，而我们所熟悉的电荷Q则是I_3及超荷Y的线性组合。我们如果再将Q-S平面与I_3-Y平面比较一下，就可看出后者是较佳的直角坐标系统。

除了解构了介子与重子多重态，夸克三重态q当然也可以在I_3-Y平面上表示出来，如图所示的u-d-s正三角形。这么一来，很快地便可得到基础表示三个组态u、d与s夸克的I_3与Y值，以及对应的反夸克三重态的I_3与Y值。看来一切平顺，但葛蔓的头却开始大了起来。自汤川以降，当时已经成形

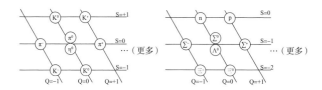

介子与重子八重态

原本完美的汤川介子，很快增加成八颗，还有自旋为1或更多的。核子也增长成八颗或十颗一组的"重子"，并更多。（图片来源：http://oer.physics.manchester.ac.uk/NP/Notes/Notes/Notesse51.xht.This work is licensed under a Creative Commons Attribution-Noncommercial-Share Alike 2.0 Generic License。）

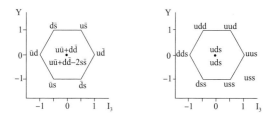

夸克模型

介子解构为夸克-反夸克对，因激发态而迭增出现。$I_3+Y/2$ 可得电荷 Q。重子解构为三颗夸克束缚态，而十重态由此初步指向"色"量子数的需要。（图片来源：http://en.wikipedia.org/wiki/Quark_model. https://zh.m.wikipedia.org/wiki/File:Octeto_bari%C3%B4nico.png。这项工作已由其作者 E2m 分享到公共领域。这适用于全世界。）

的粒子物理的主目标，自然是发现更根本的"基本粒子"。然而，葛蔓将 u、d 与 s 夸克的 I_3 与 Y 值换算成 Q 与 S 值，后者不打紧，即 u、d 的 S 值为 0 而 s 的 S 值为 -1，但电荷 Q 的值则为 u 的 +2/3 和 d、s 的 -1/3。可是，长久以来观测到的铁律乃是所有电荷都是电子与质子电荷的整数倍，亦即汤姆逊的电子电荷乃是所有电荷的基本单位。人们从来没看到过"分数电荷"的粒子（fractionally charged particle）。可是若带分数电荷的粒子

存在，要在实验上看到乃是十分容易的。葛蔓在他的论文里辩
解说，这一切只是数学，不一定真有夸克存在。

　　然而与葛蔓大约同时，当时还是加州理工研究生的茨威
格（George Zweig，生于1937年，是蕃蔓的学生）提出他的
"Ace"模型，强调它们是真实的。茨威格的出发点，部分与
葛蔓类似，但不少地方与葛蔓相异。譬如他用Ace是因为与
当时已知的轻子模拟，他认为应当有四颗Ace，而不是葛蔓
的三颗夸克。但或许是因为茨威格的年轻执着及许多看似偏
执的想法（连他的老师蕃蔓都如此认为），他没有躲到抽象
的数学背后，而坚信Ace（即夸克）必定是真实的。最终，
茨威格离开粒子物理而往神经生物学发展，可说为他坚持的
想法付出了彻底的代价。

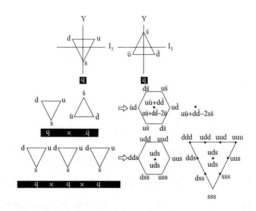

夸克与反夸克三重态到 q 与反 q 及 qqq 组态

夸克 q 为 SU(3) 基本表示 3 重态，反夸克 q(bar) 也是三重态，但所有的 I_3 与 Y 的值都反号。这
里 I_3 为同位旋 I 的 z 轴分量，Y=S（重子 Y=S+1）称为超荷。将 q 的三角形与 q(bar) 的倒反三角
形相乘，也就是相"叠"，可拼出介子的八重态。同样地，将三个 q 相叠可得到八重态或十重
态，端看头两个 q 相叠出来是倒反的 3 还是 6。

葛蔓于1969年独得诺贝尔奖，诺贝尔委员会所引述的理由是："因他关于基本粒子分类与相互作用的诸般贡献与发现。"并没有提到夸克，因为当时实在还缺乏证据。但蕃蔓曾经绝无仅有地将葛蔓与茨威格提名1977年诺贝尔奖，虽未成功，也算是对夸克的发现，特别是他的学生茨威格贡献的补偿。而我们在这一章的一开始点出质子p由uud三颗夸克组成，而中子n则由udd组成，可参考29页夸克模型的重子八重态图。

1969年深度非弹性散射：电子自质子大角度散射

我们所要介绍的第三条脉络，把我们带回类似盖格－马斯登金箔实验的卢瑟福大角度散射，只是被散射的不是α粒子，而是高能，也就是高动量的电子。正如我们在第一章所强调的，卢瑟福揭示了质子与中子的存在、引领我们探讨其结构（前两条脉络），他同时却也留给我们探讨极小尺度结构的研究方法：高动量粒子的大角度散射。这牵涉到大的动量变化，而在量子力学里根据海森堡测不准原理，大的动量变化正好容许探讨极小的距离，因为对应到极短的波长。因此大角度散射，就像拥有极短波长的显微镜，能让我们透视极短的距离，了解质子结构。

SLAC国家加速器实验室（原来称为斯坦福线型加速器中心〔SLAC〕）位于旧金山半岛、沿路风景优美的280高速公路边上。中心园区中央有一个笔直的白色长形建筑。这便是著名的斯坦福2英里长线型加速器！我在加州念博士时，曾在280公路上停在这个加速器的正上方，欣赏这个奇特的宏伟建筑，也曾经在访问SLAC时，沿着它开完完整的3公里。这个加速器，从靠山的那头注入电子，将其加速到20GeV，即200亿电子伏特，也就是电子的动能约为质子静止质量的21.3倍（请记得 $E=mc^2$），到了1980年代后期，则可加速到约45GeV。

这些高能电子，被导引射向这个建筑里的实验装置中，1960年代的SLAC-MIT实验，就摆在SLAC国家加速实验室中央最大的End Station A建筑中。

在二次大战前，斯坦福就有人发展微波技术，在战时对雷达的发展颇有贡献。随着微波电子学的发展，斯坦福建造了全世界第一个高能电子线型加速器，为霍夫施塔特（Robert Hofstadter，1915—1990，1961年诺贝尔奖）使用于原子核与核子结构的研究而声名大噪，斯坦福也在1961年获得当时最高金额的赞助，兴建SLAC及2英里长的20GeV电子线型加速器。可以这样说，霍夫施塔特及其他的人使用高能电子束，就像一个超高解像力的电子显微镜一般，深入探究质子结构。这个探究方法，以不参与核作用力的电子为探测源，探测质子内的电荷分布，发现电荷分布有一些像当年汤姆逊模型里的"布丁"。正因为这样独一无二又十分成功的研究，斯坦福获得重资挹注，将能量，也就是解像力大大提高，终而发现次质子结构的奥秘，也造就出了三个诺贝尔奖！

　　那么我们就来说明位在 End Station A 的 SLAC-MIT 实验吧。这个实验装置十分巨大，需要一整栋房子来装它。基本上，高能电子束被导引进入 End Station A，电子在图中从左方进来，进来前已经先打上一个液态氢的"靶"。打到靶后散射的高能电子，经过磁铁、也就是图中两个较小的"盒子"导引，射向图右侧的巨型谱仪。

　　这么一说，好像有点复杂，那为什么我们说这好比当年的卢瑟福散射呢？让我们重新摆上盖格－马斯登金箔实验示意图，但把α粒子源换成入射的高能电子。入射电子能量是知道的，它被导引到 End Station A 的过程，就好比金箔实验的狭缝，而金箔本身，则是未在图中显示的液态氢靶，原来的荧光侦测屏则替换成巨型谱仪。侦测屏涵盖的各个角度呢？你现在可能注意到地面的同心圆轨道，原来侦测入射电子的整个装置都是可以沿着轨道移动的，还真模拟于卢瑟福荧光屏的弧度呢！所以，SLAC-MIT 实验的确能够与卢瑟福散射实验模拟。

　　SLAC-MIT 实验究竟观察到了什么？当初能量低得多的霍夫施塔特实验，入射电子与散射电子能量一致，只有角度改变，也就是所谓的弹性碰撞，被打到的质子只是像打撞球般弹开。但因为电子动能远大于质子质量，SLAC-MIT 实验不只是测量散射电子角度的改变，也测量能量的改变。若散射电子能量与入射电子不同，这就是我们标题中的"非弹性散射"，基本上质子碎掉了。"深度"非弹性散射（Deep Inelastic Scattering，或 DIS）则对应到副标题的电子"大角度"散射。

高能的电子不但把质子打碎了，而且被散射的电子还大角度偏离入射方向！就像当年的卢瑟福散射，这样的大角度散射原本的预期是很少的。SLAC-MIT实验自1967年开始做这样的测量，实验结果出人意表，因而三位领导者，麻省理工的弗里德曼（Jerome Friedman，1930年生）与肯德尔（Henry Kendall，1926—1999）及斯坦福的泰勒（Richard Taylor，1929年生）获颁1990年诺贝尔奖。

部分子模型与夸克

1990年诺贝尔奖公布时，我正在瑞士苏黎世附近的保罗·谢尔研究院（Paul Scherrer Institute）任职，当时我们组内没有人知道这三位得奖的仁兄是谁！（那时WWW还没发明，更不用说Google）部分原因固然是三位实验学家行事一向低调，但更大的原因，乃是当年DIS实验（没多少人记得叫SLAC-MIT实验，因为这也不是一个正式名称）的结果固然轰动，但大家记得的是它的影响。更何况将物理意义阐明的人，其中之一是大名鼎鼎的费因曼（Richard Feynman，1918—1988，1965年获诺贝尔奖），我们译为蕡蔓。

出人意外的，不只是实验上看到不少大角度非弹性散射事件，更是因为出现所谓的scaling（尺度可缩放调整）现象，亦即质子里面又像各种尺度都存在，又可说成是没有新尺度。布约肯（James Bjorken，1934年生）在实验结果公布前已经借1960年代盛行的流代数（current algebra）理论推论这个"无尺度"现象应当存在。然而他的讨论虽然深刻，却相当数学化，一般实验家甚至连理论家当时都难以消化。蕃蔓在1968年8月拜访SLAC时听说了实验结果，10月再度造访SLAC做演讲，提出"部分子"模型。演讲基本上说，就是在质子里存在彼此不大干扰、本身近乎没有质量又没有大小的"部分子"（parton）。因着高解像力的高能电子不参与强作用，因此深入质子"看到了"部分子而为其电荷所散射，该部分子则被赋予高动量而从质子弹出，因此质子碎掉了——碎裂成更多强子。

部分子模型宣称在质子内有看似无质量的点电荷，解释了DIS为何呈现"布约肯无尺度"现象，因为质子内的部分子自己不带尺度或大小，不像卢瑟福发现原子内的原子核是有大小的。因此从原子物理到核物理分别要解释原子的Å大小及原子核的fm大小从何而来，但从原子核／质子尺度再往内的次核物理，所发现的部分子则没有尺度，意思是说部分子只是一个质点，就好像电子。如果这些描述让你头昏眼花的话，试想质子里面存在几乎没有质量的质点，不是很像南部当年所说的未知费米子吗？那么葛蔓的夸克呢？

实验发现深度非弹性散射DIS，指向质子内有近乎自由运动的点电荷，大大刺激了理论的发展，我们无法一一细数。但最重要的，是1973年格罗斯（David Gross，1941年生）、普利策（David Politzer，1949年生）及韦尔切克（Frank Wilczek，1951年生）证明了所谓"渐近自由"，也就是"非阿贝尔规范场论"（nonabelian gauge field theory）的作用常数会随距离减少而变弱，正符合部分子模型所描述的。这个渐近自由现象倒过来则是作用常数随距离增加而变大，最终引发南部所说的对称性自发破缺。正确的非阿贝尔规范群，SU(3)，在1972年已被葛蔓与弗里奇（Harald Fritzsch，1943年生）提出[①]，并得到格罗斯与韦尔切克的确认。强作用力的根本形式——量子色动力学QCD（Quantum Chromo Dyanmics）——翩然降临，这实在是人类认知的又一大突破。

部分子究竟是不是葛蔓的夸克呢？答案既是"是"，也"不全是"。可以说，因为部分子模型得自全然不同的实验所启发，它的涵盖面比夸克广。后续的实验包括使用微中子散射的实验，证实带电荷的部分子乃是分数电荷，因此带电荷的部分子确实是夸克。但实验结果又显示质子里面除了带电荷的部分子外，还有不带电荷的部分子。这些电中性部分子携带着质子动量的约50%，不可能是夸克，那么它们是什么呢？QCD提供了答案：胶子（gluon）、QCD的"色"作用力"规范粒子"，与夸克一样带有色荷，弥漫在质子里，但因不带电荷，所以电子"看不见"它。

量子电动力学QED是所谓的"阿贝尔规范场论"（Abelian gauge field theory），"阿式"意为规范对称的转换是"可交换的"。QCD同为规范场论，但神奇、复杂又丰富得多。胶子属于SU(3)的伴随表示，共有$3^2-1=8$颗，而不论u、d、s夸克都属于SU(3)的基本表示，各有"红""蓝""绿"三颗

---

① 这个SU(3)与当年夸克模型的SU(3)是两码子事，虽然都是葛蔓提出的。

（"色"也）。夸克之间借交换胶子而交互作用，这个比核作用更根本的色动力学，因渐近自由使得夸克在彼此靠得很近时不大发生作用，但到互相远离时却相黏得不得了（所谓的夸克禁闭，quark confinement，还蛮吊诡的），以至于引发南部的自发对称性破坏，也因而决定了质子的大小。与电动力学里的光子不同，胶子自己也带色荷，是渐近自由与夸克禁闭背后的原因，使得色动力学异常丰富，甚至预期有所谓"胶球"，即纯由胶子形成的束缚态的存在。

渐近自由的发现与重要性，使得格罗斯、普利策和韦尔切克获得2004年诺贝尔奖。

部分子究竟是不是夸克呢？我们现在以QCD为架构，通称夸克部分子模型。葛蔓学富五车，贡献卓著，独得诺贝尔奖，但无论他如何努力，有一点永远追不上蕃蔓，就是蕃蔓有如摇滚巨星般的个人魅力。这只要到加州理工书店的蕃蔓专柜看一眼就知道了；要知道蕃蔓已过世25年，而葛蔓仍健在。蕃蔓因量子电动力学可重整化的工作，与施温格（Julian Schwinger，1918—1994，与费因曼和朝永振一郎因量子电动力学可重整化的工作同获1965年诺贝尔物理奖）、朝永（Sin-Itiro Tomonaga 即朝永振一郎，1906—1979，他是汤川秀树的中学与大学同学）同获1965年诺贝尔奖。

夸克与宇宙演化

在这一章我们交代了人类看透质子与中子乃由夸克借量

子色动力学交换胶子结合而成，既玄又妙，故事也如史诗一般。这个认知十分不简单，容许我们将时间往宇宙大爆炸回推到质子、中子形成前更早的所谓"夸克汤"时代，这个夸克汤又叫夸克胶子浆，因为还有胶子在里头飘荡、流动，而不是一堆强子。但夸克与宇宙起源或演化究竟有什么关联呢？根据QCD的深入研究，看来起初的u与d夸克汤冷却形成质子与中子，似乎像船过水无痕，不留下什么痕迹。较具体地说，宇宙温度从百亿度下降，u与d夸克汤凝结出质子与中子，好像一渡就过去了（统计与相变的所谓crossover），感觉有一点像看不见的水汽在西伯利亚直接结成冰，但连个潜热都不释放。除了温度因膨胀而下降因而有从夸克到核子的相变化外，我们得不到对宇宙起源的进一步启示。

夸克对我们宇宙的起源究竟有没有影响？让我们继续追下去。

三 丁的发现与小林－益川的拓殖

　　"我们"是由各种原子核并周围绕着的电子所组成，而原子核由质子与中子借交换π介子组成，它们又是由u与d夸克构成。所以我们是由u、d夸克与电子所构成。然而，还有一个看不见、摸不着的微中子，虽然它不是我们或地球的组成成分，它的存在对我们却至关重要。没有借β衰变自原子核辐射而出的微中子，那么将四颗质子即氢原子核"烧"成氦原子核的pp链核融合反应就无法进行，太阳就无法像现在这样地放光。而若不是微中子参与的核弱作用反应极慢速进行，太阳就不能稳定而祥和地放光百亿年！不仅核融合如此，若没有铀238缓慢的β衰变核分裂反应——生命期差不多有地球存在的45亿年这么长——地热不会持续产生。没有持续的火山、地震、板块漂移与造山运动，生命在地球的演化将大受影响，人类可能也就不会或至少延迟出现了。妙哉，造物的安排！让我们心存感谢。

　　然而，1947年汤川介子发现的前后，人类蓦然回首，发现在1936年就已现踪迹的"介子"，并不是汤川π介子。它甚至不是介子，因它根本不参与核作用，乃像电子的双胞兄弟——只是重了206.77倍！这个μ或渺粒子，我们不知道它的存在有什么用处，只是它从正规π介子衰变而出。这是怎么回事？难怪当1944年诺贝尔奖得主拉比（I. I. Rabi，1898—1988）得知这情况以后，提出千古一问："（这个菜）谁点的？"（Who ordered that?）这半路杀出的"没用"程咬金，把我们引入费米子，或物质粒子的"代"（generation）问题。

这一章，我们要讲论一位不好惹的园"丁"的开垦及孕育出"第三代"的小林与益川。

从"轻子"到革命前夕

鲍威尔借照相乳胶技术于1947年侦测到汤川的π介子，是借 π→μ→e 的衰变链。当然，记录到的宇宙线所产生的事件，并没有带着标签或贴着铭牌。然而，对带电粒子通过乳胶所造成的游离感旋光性的了解，鲍威尔的团队可推断 π、μ 的质量到一定的精确度。他们也发现在这个衰变链中 π→μ 的衰变发生在 π 停下来后，μ 有固定能量，因此像二体衰变。但 μ→e 的衰变则比较像中子的 β 衰变，因为电子在 μ 的静止系统能量并不固定。起初 π、μ 被看作两种介子，但 μ 粒子并不参与核作用，而且就是1936年安德森所侦测到的被当作是介子的粒子。所以，当年汤川自1937年起声名大噪，部分可说是老天所开的玩笑，虽然一点也不减损他的贡献。

但是，μ 这颗完全未被预期到的"程咬金粒子"，则真像是老天爷对人类开了大玩笑，给出了谜题。为何上天要为我们预备一个比电子重约200多倍却全无用处的胖二哥？难怪有拉比的提问：这个菜，谁点的？因为 μ 粒子不参与强作用，与电子类似，而质量又比 π 介子轻，因此与电子归为一类，通称"轻子"。

我们在前一章已经介绍了1950年代到1960年代无数强子的发现。这些多半是激发或共振态，但也出现了一个"新量子数"S，在夸克模型里，背后是一个与 u、d 夸克对应的 s 夸克，带奇异数 $S=-1$。若夸克模型是真实的，那么 s 夸克似乎与 μ 轻子对应。但我们说早了，因为夸克模型出现在1964年，并且因为实验上没有看到分数电荷的粒子，因此并没有被普遍接受。倒是在"轻子"的范畴，人们找到了比较清楚的图像，亦即伴随 μ 与电子，各有一颗 v_μ 与 v_e 微中子。这个发现，来自所谓的双微中子实验。

根据前面对 π→μ→e 衰变链的描述，人们理解第一个衰变其实是 $\pi^+ \to \mu^+ v$，亦即有一颗伴随的微中子，而第二个衰变则真是像中子的三体 β 衰变 $n \to pe^- v(bar)$，只不过伴随的是两颗看不见的微中子，亦即 $\mu^+ \to e^+ v v(bar)$。真有反微中子出现在这反应里吗？要检验可是困难得很，因为不管微中子或反微中子都极难侦测。但是，有没有可能在 $\pi^+ \to \mu^+$ 衰变出现的微中子与伴随中子 β 衰变的反微中子是不同种的？事实上，与原来的电子数模拟，有没有可能电子数与 μ 粒子数是分别守

失落的诺贝尔奖

在安德森因发现正子或反电子而荣获诺贝尔奖的 1936 年，他与研究生德迈尔将云雾室（一种侦测粒子轨迹的装置，其发明者威尔逊获得 1927 年诺贝尔奖）带上四千多米高的派克斯峰（Pikes Peak）研究宇宙线，看到新的带电粒子。他们在 1937 年做更多的观测，确定新粒子的质量比电子重许多因此甚具穿透力，但质量又比质子轻不少。他们的结果很快地被斯特里特（J. C. Street）与史蒂文森（E. C. Stevenson）以及后续许多人所证实。安德森称这个新粒子为中间子（mesotron），因为质量在电子与质子之间，人们自然地把它当作汤川的介子。然而对其性质后续的研究显示，它的衰变以及与原子核的作用似乎与汤川的介子兜不拢。因此在鲍威尔乳胶工作发表前，费米在一篇理论论文中将安德森粒子称为 μ，或许因为它的生命期约 2 微秒吧。不久之后，鲍威尔在论文中，将所发现的新粒子称为 π，确立 π→μ→e 的衰变链。而作为粒子之母的介子，其生命期是 μ 的百分之一。它被证明是参与强作用的汤川介子，因此可在高层大气借宇宙线产生，但在到达地面前便多数已衰变，解释了为何略轻的 μ 粒子会先被发现。或许是因为 1937 年到 1947 年间的混淆，也因为安德森已获诺贝尔奖，全属意外的 μ 粒子的发现并未获颁诺贝尔奖；或者可以说，μ 粒子的诺贝尔奖也颁给了鲍威尔。老天爷送出一颗"程咬金粒子"，而且微妙地把它的质量安排得比介子轻，而且就轻那么一点，还真有一点作弄人。

恒的？如果是的话，那么上述的两个反应其实是 $\pi^+ \to \mu^+ \nu_\mu$ 及 $\mu^+ \to e^+ \nu_e \nu_\mu(bar)$。就像 $n \to p e^- \nu_e(bar)$ 有分别的重子数与电子数守恒（n 与 p 的重子数均为 1，而 $\nu_e(bar)$ 的电子数为 -1），现在 ν_μ 的 μ 粒子数与 μ^- 一样是 1。

如果这只是理论想象而不能实验检验，那就是形而上学而不是物理。但物理学家发展了检验的办法。因为到了 1960 年代，加速器的技术已成熟，π^+ 介子十分容易产生，而 π^+ 介子生命期约 3×10^8 秒，若以高能量产生 π^+ 介子束，那么跑了数十米后，多半的 π^+ 介子都已经由 $\pi^+ \to \mu^+ \nu$ 衰变掉了。μ 粒子因为生命期长许多所以可以跑很远，但利用它带电的性质，只要加一个磁场就可以把它扫到一旁而将其剔除。妙事发生了：从原来的 π 介子束，我们在其下游弄出了一个微中子束，而如果前述的电子数与 μ 粒子数分别守恒是正确的话，则这个微中子束会记得每颗微中子带 μ 粒子数 1。如果此时将微中子束导向一高密度的靶，则这个微中子束够强的话，可撞出 μ^- 粒子，而不会有电子 e^-。

这个构想说起来容易，实际检测可没那么简单。但在李政道与杨振宁的建议与协助下，由莱德曼（Leon Lederman，1922 年生）、施瓦茨（Melvin Schwartz，1932—2006）及施泰因贝格尔（Jack Steinberger，1921 年生）所组成的七人团队做到了。实验在布鲁克海文（Brookhaven）实验室进行，于 1962 年发表：从原来的 π 介子束，下游的确只产生 μ 粒子，而不会有电子产生。这个实验不但证实有两种微中子且 μ 粒子数与电子数分别守恒，还开了微中子束作为探测源的先河。为此，莱德曼、施瓦茨与施泰因贝格尔荣获1988年诺贝尔奖。

从这里我们也看见为何茨威格在1964年会称他的次强子模型为Ace，因为他从一定的美学角度认为，既然轻子的世界有e、ν_e、μ、ν_μ共四颗，那么对应的强子世界理应由四颗Ace来构成。有少部分的物理学家包括不少日本学者持这样的想法。然而，不论Ace或夸克模型，因为实验尚不存在分数电荷的缘故，人们在1960年代并没有普遍接受。不论如何，以确凿的知识而言，即便以夸克模型的想法，基本物质粒子的图像在1960年代以至1970年代初有若附图般，缺了一角。但如前一章所述，自1968年到1973年，粒子物理领域有着快速的发展与翻转。那是一个信与不信并存的动荡年代，正像革命的前夕。

1974年的"11月革命"，完成了一切的翻转。新共和时代来临，粒子物理"标准模型"纪元开始。

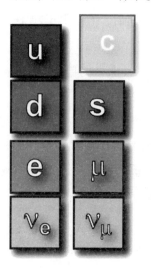

二代夸克仍缺一角

量子数S在夸克模型里来自与u、d夸克对应的s夸克。在不参与强作用的轻子范畴，伴随电子与各有一颗e与微中子。在1960年代以至1970年代初，基本物质粒子的图像有若左图，好像缺了一角。

1974年11月革命

1968年到1973年的粒子物理动荡年代，因三篇同时发表的实验论文而迅速底定。这三篇论文在1974年12月2日同一天发表，但期刊收到日期分别为11月12日、13日及18日。由意大利团队投出的第三篇论文坦承是获知了前两篇的结果而赶着在约一周内做出来的，而前两篇论文则分别将所发现的新粒子命名为J与ψ，因此这颗粒子至今仍称为J/ψ，是唯一以双名称呼的粒子。两个发现团队的主导者，丁肇中（生于1936年）与里克特（Burton Richter，生于1931年），在1976年就共同获得诺贝尔物理奖。这是因为实验结果在1974年11月公布之后，立刻引发百家争鸣，但很快地便告底定：J/ψ是c与反c夸克的束缚态，或"粲偶素"（charmonium）。这个c夸克，补齐了前面"二代费米子"所缺的一角，而百家争鸣的结果，则是粒子物理标准模型的建立。因此J/ψ的发现带入了所谓的粒子物理"11月革命"，是划时代的贡献。

粲偶素的命名，取自"正电子偶素"（positronium）的模拟，而后者又称"正子素"，乃是将氢原子里的质子替换成正子（即反电子），元素符号为Ps。正子素的能阶与氢非常类似，只是谱线的频率减半。然而，因为正子与电子相遇会互相湮灭，基态正子素的生命期极短，不超过0.14微秒。正子素是正子与电子借电动力学束缚而成，但粲偶素则是借"色"动力学束缚而成，到后面再解释。

正子素的实验发现，是多伊奇（Martin Deutsch，1917—2002，他是在维也纳出生的犹太人）在1951年借气体中正子素的性质改变而发现的。有趣的是，实验进行时，里克特曾以大三暑期生的身份参与，而丁肇中在1969年从哥伦比亚大学转任麻省理工也与多伊奇颇有关系。两人后来发现粲偶素，还多少真受了多伊奇的启迪。

丁肇中与里克特学术生涯的出发点有一些类似：他们都想了解量子电动力学QED在短距离是否仍成立，以及借电动力学探测强作用粒子的性质。里克特是在麻省理工受的教育与启蒙，而丁肇中后来则成为麻省理工的教授。让我们先从华人开始吧。

丁肇中的父母在密西根大学留学，因他早产而出生在美国，但旋即回国，因为中国正进入对日的抗战。而因为战争，丁肇中在12岁前并未受正规学校教育。他的父亲丁观海后来是台大工学院教授，母亲则任民意代表兼台大心理系教授。后来丁肇中从建国中学保送成功大学，大一后以美国出生的身份，只身赴父母的母校就读，于1959年以物理与数学双学位毕业，再于1962年获博士学位。他到哥伦比亚大学任教后，被高能光子与原子核靶散射产生正子–电子偶对的新结果所吸引，在1966年率队赴德国电子同步加速器实验室DESY从事正子–电子偶对产生实验。实验的结果将QED的真确性推展到10^{-14}cm，但也将丁肇中的兴趣导引到研究"向量介子"ρ、ω、ϕ的性质。这些介子与π介子八重态类似，只是自旋是1且比较重，因此可说是π介子八重态的激发态。这三颗介子的质量与质子相当，在770MeV/c^2到1020MeV/c^2之间，且可衰变到正子–电子或渺子–反渺子偶对。因为ρ介子、ω介子、ϕ介子自旋为1，其量子数除质量之外与光子无异，可说是"重光子"，正好是丁肇中借DESY正子–电子偶对实验发展的技术所可探讨的，因此丁肇中思考该如何往下走。

一个有趣的问题是，"有更多的重光子吗？"有什么理由向量介子只集中在 1 GeV/c^2 附近？为了搜寻新的高质量粒子，在几经考虑之后，丁肇中在1971年决定将他的团队搬回美国，并向布鲁克海文国家实验室BNL的30GeV质子加速器提出计划，借探测正子－电子偶对来搜寻更重的向量介子，搜寻质量范围可达5000 MeV/c^2，即 5 GeV/c^2，约质子的5倍多重。到1974年果真有了所没有预想到的发现！

根据他们在DESY做实验所发展的技术，丁肇中的团队按计划建造了一个大型双臂侦测器，侦测器的两边可分别精确侦测电子或正子，再重建出原始的"重光子"，质量解像力可达20 MeV/c^2 或更低。这个侦测器所费不赀，高解像力可说是为寻找很"窄"的共振态。这里很"窄"的意思是指共振态的质量非常确定，而不是像 ρ 介子因衰变"宽度"已达150 MeV/c^2，亦即质量在700 MeV/c^2 到840 MeV/c^2 之间的共振态。然而当时并没有迹象显示在 1 GeV/c^2 以上会有任何"窄"的共振态，因为咸认重强子的衰变"宽度"应当为质量的约20%，因此丁肇中颇受批评。但或许是 Φ 介子的宽度约4 MeV/c^2，远窄于这个律，而丁肇中属于那种不大信任理论预测的实验家，所以他按原计划进行。

实验装置在1974年春完成，经检验效能与设计的无异。到了初夏他们在高质量的4—5 GeV/c^2 取了一些数据，没有发现多少正子－电子偶对。到了8月底，他们将磁铁强度调到撷取2.5—4 GeV/c^2 的质量范围，立即看到真实而干净的正子－电子偶对出现。但最令人惊讶的是，多半的正子－电子偶对集中在3.1 GeV/c^2 附近，而仔细分析的结果显示宽度小于 5 MeV/c^2！这个惊人的结果，让原本就严谨的丁肇中更加精益求精起来；他无法容忍自己的实验结果有丝毫的错误。他在团队中原本就建立了完整的一大套检错办法，譬如要有两个小组完全独立分析等等。在极多的验证之后，他们确信看到了新粒子。因着他的团队多年来在研究电流的效应，他们觉得可以称呼新粒子为"J"。当然，人们不可避免地必然会与中文的"丁"作联想。

到了 10 月中，丁肇中打算再取一些不同的数据，检验他心中的一些疑虑。但这时有成员坚持必须尽速发表结果。除了这样的压力，恐怕多少也是因为自太平洋岸传来同样发现的讯息，丁肇中终于决定发表 J 粒子的发现论文。丁肇中团队的论文收到日期比里克特团队论文早一天，或许是因为期刊的办公室就在 BNL 实验室附近吧。

里克特于 1948 年进入麻省理工，1952 年升研究所，原本研究同位素谱线在强磁场下的效应。但因为要使用加速器产生同位素，他开始对核子与粒子物理问题以及加速器物理发生兴趣，因而发展成侦测器与加速器兼修的实验物理学家。他在麻省理工同步加速器实验室的研究，让他与丁肇中一样，对 QED 在短距离是否仍成立感到兴趣。因此，在 1956 年拿到博士后，他接受了斯坦福高能物理实验室 HEPL 的聘约，因为 HEPL 发展了 700 MeV 能量的电子线型加速器（第二章）。他在斯坦福的第一个实验，是借高能光子产生的正子–电子偶对检验了 QED 到 10^{-13} cm 的精确度，在当时是一个最新的结果。

自1957年开始，里克特参加了开启对撞机先河的电子－电子对撞机研究工作，花了六年从事加速器研究。到1965年，利用这个新对撞机，QED的精确度推展到了10^{-14}cm。但里克特不能忘情电子－正子偶对，打算发展电子－正子对撞机以研究强子的性质。在这里我们多少看到第二章所述霍夫施塔特电子－质子散射的影响。新成立不久的斯坦福线型加速器中心SLAC主任潘诺夫斯基（Wolfgang Panofsky，1919—2007）邀请里克特转任SLAC，着手设计高能电子－正子对撞机。到了1984年，里克特正式从潘诺夫斯基手上接任SLAC实验室主任。

里克特于1965年向美国原子能委员会提出高能电子－正子对撞机计划，中心能量范围可从2.6 GeV到8 GeV。这个计划经过了极漫长的过程，直到1970年才获得经费，他的团队在21个月之内就把称为SPEAR、周长200米的环型机器（因此又叫储存环）造出来了。在漫长的等待经费过程中，他们眼巴巴地看着别的地方也开始发展电子－正子对撞机，但他们也从别人的经验中改进了设计。而为了确保研究能有丰富成果，里克特还向SLAC及隔着金山湾的伯克利招募物理学家以壮大阵容，让他的团队能专心于SPEAR加速器以及部分侦测器的建造，由合作者建造侦测器的其他部分。这样的合作，发展出了所谓螺管侦测器的先河——Mark Ⅰ侦测器。这个侦测器使用与对撞束流同轴的螺管线圈，使得磁场与电子及正子束流平行，侦测装置则呈圆柱形一层一层建在磁铁内外。从那以后的对撞机侦测器，都可说是以Mark Ⅰ为蓝本。

不凡的丁肇中先生有着不凡的谱系与身世。他的外祖父王以成是死于山东诸城起义的辛亥革命先烈，那时丁肇中的母亲王隽英才3岁。丁肇中的外祖母也是一位奇女子，在王以成牺牲后自己毅然受教育独立养育女儿，并坚持这个独生女要受高等教育。王隽英被王以成的至交与革命同志丁惟汾收为义女，与丁观海相识也是在丁惟汾家中。后来在丁惟汾的协助下，丁观海与王隽英都到密西根大学留学，并因丁肇中早产，1936年初在美国出生后才回中国。因父母都是教授，又因为战乱流离，丁肇中在12岁前是在家中受教育，因此他的外祖母及母亲都对他有极大的影响，多少承袭了两位女子的坚毅。

丁肇中的独特与坚毅，也与他随父去了台湾以后的际遇有关。他的母亲为了帮他补上学校的进度，让他留级小六一年，然后进入成功中学初中部，再转入建国中学。除了学教育心理学的母亲对他的开明栽培与鼓励外，建国中学对丁肇中的养成也是相当重要的。然而他进大学的过程不顺，只进到当时还叫台湾省立工学院的成功大学。因此当有机会直接到密西根念大学时，他自己毅然决定只身前往。以他当时英文还不够强，家里经济条件也不充裕，在美念书的经验一定加深了他的刻苦与坚毅。他的母亲也安排到美国以便就近看顾宝贝的长子，但于1960年底病逝。丁肇中自承"一生成就与母亲的教育密不可分"。

　　1973年实验终于开始，里克特在1974年的高能物理暑期大会中报告了实验结果：当中心能量从2 GeV提升到5 GeV时，正子-电子产生强子与产生$\mu^+\mu^-$对的比率（R）从大约2上升到6。理论家的总结报告则莫衷一是，对R值的预测从0.36到无穷大都有。这个议题，显然理论有待实验来启发。

　　寻求对R值增加的了解以至于发现新粒子，接下来的发展就有些罗生门了。照里克特团队论文的说法，他们以每200 MeV的级距扫描中心能量改变所产生的变化，注意到在3.2 GeV附近的强子产生强度提升了30%。为此，他们调到3.3 GeV附近没有看到变化，但调到3.1 GeV附近，则得到难以自洽的结果：加速器跑了八次，有六次没有看到变化，但有两次则强子产生强度跳高300%或500%。这样的结果可以是因为在比3.1 GeV高一点的地方有一极窄的共振态，那么因为每一次加速器设定的能量误差，在3.1 GeV附近观测结果的浮动便可以解释了。有了这个了解，他们便在3.1 GeV附近作更精细的能量扫描，发现在3.105 GeV附近有一个宽度小于1 MeV的共振态，这个共振态在解像能力范围内，正子－电子到强子的产生强度增加100倍以上。而因为这个全未预期到的新共振态是借正子－电子湮灭到（虚）光子产生，它的量子数与光子一样，即自旋为1。团队讨论如何命名，里克特提议用"SP"以兹纪念他所宝贝的SPEAR，但两个字母不合正统。他们将希腊字母摊开来找还没有被使用过的，在排除了带有"微不足道"寓意的ι（iota）之后，选择了"ψ"，因为它念作psi，内含反着写的sp。

　　然而，丁肇中在他1972年初的BNL实验计划书里曾写道："与一般所认为的相反，正子－电子储存环并不是寻找向量介子最好的地方。正子－电子储存环的能量是精确而固定的。要系统化地搜寻更重的介子，必须持续地调整并监控两个对撞束流的能量——这是一项需要无穷运转时间的困难工作。最适合储存环的是在新向量介子发现后，仔细测量其各种参数性质。"这是他提案在质子束流环境而不是光子束流环境、也没有在DESY的对撞机加速器作实验的理由。BNL实验室的高能质子束是适当的发现环境，储存环是适当的测量环境。顺着这个思路，再看前述SPEAR储存环在3.2、3.3、3.1 GeV的上下扫描，能正好扫到3.1 GeV附近，所发现的新共振态宽度还真的比储存环约1.5 MeV的能量精确度窄，是不是太神奇了？

莫非消息走漏，SPEAR的人已经知道往哪里去看?！这样的疑问一定是挥之不去的，然而丁团队多少也是听到来自SPEAR的印证而放心所见属实而不是大乌龙，他们自己也确实在这个大发现上琢磨太久了。

更进一步讲，SPEAR的里克特团队果然照丁肇中计划书里所写的，发挥了详细测量的功能。他们往3.1 GeV之上的能量继续扫描，在3.685 GeV附近看到第二个窄的共振态，称之为ψ'或ψ（3685）。有趣的是，ψ'的典型ψ'→ψπ⁺π⁻→e⁺e⁻π⁺π⁻衰变，在Mark I侦测器纪录下来的图像还真有那么一点像"ψ"。继续的测量推论J/ψ的宽度只有约0.07 MeV，即宽度只有质量的45,000分之一，而不是预期的像ρ介子一般的十分之一或五分之一，ψ'的宽度则有约0.22 MeV。所以，即便丁肇中团队率先看到J，但物理性质及更进一步的发现则来自里克特团队。更何况里克特开发了新型加速器与侦测器，这在诺贝尔委员会是很受重视的。

因为丁肇中借pp→e⁺e⁻+［其他强子］发现J，而里克特借e⁺e⁻→［强子］看到ψ，诺贝尔奖得主格拉肖（Sheldon Glashow，1932年生，1979年获奖）曾戏称"Burt saw the Sam(e) T(h)ing"，亦即伯尔特（里克特名Burt）从管子的一端端详，看到了山姆·丁（或"看到了相同的东西"；丁肇中英文名字是塞缪尔［Samuel］）。俏皮的双关语，点出了J/ψ发现的戏剧性张力。

"11月革命"十周年纪念会于1984年11月14日在SLAC举行，其海报将当年丁肇中团队的"J"与从ψ'衰变而得的

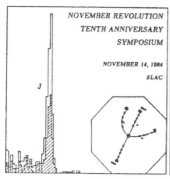

11月革命十周年纪念会

"11月革命"十周年纪念会在SLAC举行。左图将当年丁肇中团队的"J"与从ψ'衰变而得的"ψ"（其实是ψ'衰变到 $e^+e^-\pi^+\pi^-$ 的轨迹记录，e^+ 与 e^- 是从右上到左下近乎直线的部分）并列。右图照片中，里克特与丁肇中有着有趣的肢体语言。

"ψ"并列。我们特选了一张像素不佳的黑白照，照片中里克特手指着丁肇中，而丁肇中身形略显扭曲。然而，两人得诺贝尔奖的贡献是无与伦比的。基本上，虽经过1968年到1973年的巨大演变但在1974年夏天仍嘈杂、纷乱的粒子物理理论，借J/ψ介子的发现而迅速底定：新的c与反c夸克束缚态，或"粲偶素"。这个束缚态是借量子色动力学QCD而结合在一起，只有质量数万分之一的宽度可以被QCD解释，而伴随的粲偶素能谱对应到许多新的c与反c夸克束缚态，与熟悉的正子电子 e^+e^- 偶素十分类似（也就是说，蛮像原子谱线的重现），只是前者是QCD束缚态而后者是QED束缚态。对c-反c夸克束缚态能谱的研究，清楚验证了QCD的正确性。对我们而言，重要的是夸克被确立，不再被人质疑。人类对物质结构的了解确实向下推进一层，即质子与中子是由夸克组成，而c夸克补足了原来的缺口：第二代费米子终于到齐。原本的拉比问题"这道菜谁点的？"，扩展到"谁点了第二代？"。

为何要有第二代？这就把我们带到小林与益川所拓殖出的"第三代"，以及他们为拉比问题提供的一定的答案。

三代的预测与发现

我们在第二章提到了南部阳一郎的惊人洞察，"因发现次原子物理的自发对称性破坏机制"而获得2008年诺贝尔奖。同一年，小林诚（1944年生）与益川敏英（1940年生）"因发现一种对称性破坏的起源，因而预测了自然界至少有三个夸克家族的存在"，与南部同获诺贝尔奖。小林与益川所探讨的，是CP对称性破坏，与南部所提出的自发对称性破坏机制是十分不同的东西。关于CP对称性破坏的问题，我们到下一章再进一步讨论，但小林与益川所提出的CP破坏的源头，需要至少三代夸克的存在，还不只是两代。他们的文章在1972年9月投出的时候，益川32岁，而小林只有28岁。

小林与益川的论文在1973年初发表，他们之所以讨论到第三代的夸克，乃是因为夸克模型的前身乃是所谓的坂田模型，是由他们老师辈的坂田昌一（1911—1970）在1956年所提出的。早年师从并跟随汤川的坂田在名古屋大学创建了名古屋学派，十分有影响力。因此，日本学者对夸克或类似的概念并不排斥。而坂田早在1942年就已提出有两种"介子"和两种微中子的可能性，可惜论文因战争而延迟到1946年才发表。他在1962年又将他的坂田模型扩展到包含轻子，并讨论了"微中子混合"的机制，实在是一位先驱工作者。

除了日本以及茨威格所提的Ace模型倡导与轻子对应的有四颗夸克外，其实在1974年11月革命之前十年，魅夸克c便已被提出与命名了。就在葛蔓的夸克模型提出不久，布约肯（第二章）与格拉肖于1964年提出与u夸克同为电荷+2/3的c夸克作为s夸克的同伴，好让d、u，s、c能与e、ν_e，μ、ν_μ对应。到了1970年，因为K^0介子衰变到$\mu^+\mu^-$的理论与实验结果的重大矛盾，格拉肖与另两位合作者（合称GIM）提出，在解释s夸克衰变性质的"d-s混和夸克"d'之外，还有另一个与其正交的"s-d混和夸克"s'。因着s'与d'的正交性，就可以抵消前述K^0介子衰变到$\mu^+\mu^-$的强度，而可以与实验结果相符。这个漂亮的GIM机制，前提是要有与s夸克配对的c夸克存在，才能使d、s夸克到d'、s'夸克的"旋转"在场论语言下成立。因此，在GIM机制之下，c夸克的存在不仅是为了与轻子的美学对应，乃是在确实的理论计算中必需的。即便如此，我们当知道，GIM论文只是众多理论论文中的一篇，最后仍要靠J/ψ的发现来确认c夸克的真确性。

GIM的论文中提到d-s到d'-s'的二维旋转，不会出现CP破坏的相位角，这就成了小林与益川的契机。小林与益川分别在名古屋大学拿到博士学位，也先后转赴京都大学研究。小林在1972年春到京都大学后，重拾与益川的合作，研究CP破坏问题，探讨其可能来源。在探讨了各种可能后，他们也讨论到夸克的混合与"旋转"。我们要知道，夸克的混合在名古屋因坂田讨论了微中子混合乃是很自然的。小林与益川说明在两代夸克的二维旋转，的确不会出现CP破坏的相位角，但他们并没有引用GIM论文。但不同于GIM，小林与益川乃是针对CP破坏做探讨，因此他们在文章的末了提出，若将二代推广到三代，则将不仅是一个三维的旋转，而会有一个单一的、无法排除的相位角，是能破坏CP对称性的。这个CP破坏相角在2001年获得实验确认，使得小林与益川能与更资深的南部于2008年同获诺贝尔奖。

因为小林与益川提出的想法只不过是众家理论中的一支、又发表在略为偏乡的日本期刊，且提出时仍是纷乱的1973年，在起初两年并没有造成多少回响。即便11月革命发生，很多人把它当作是确认了格拉肖的c夸克。但到了1975年，在厘清了c与反c夸克束缚态所造成的众多"有趣背景"事例之后，佩尔（Martin Perl，1927—2014）所带领的SLAC与柏克莱团队宣称看到了新的τ"轻"子，质量约1.78 GeV/c^2，是质子质量的近两倍。这个不再轻的轻子，归类是根据它不参加强作用，与电子、渺子一样。它的发现乃是借e$^+$e$^-$→τ$^+$τ$^-$→e$^+$μ$^-$+［至少两颗看不见的中性粒子］，后者咸信是微中子。若e、μ、τ粒子数分别守恒，则应是有两颗τ微中子加一颗e微中子、一颗μ微中子（我们在此不区分微中子或反微中子，因为在当时的实验是无法测量的）。由于发现第一颗第三代费米子，佩尔荣获1995年诺贝尔奖。与他一同获奖的还有在1956年借核反应器实验确认如鬼魅般的微中子存在的莱因斯（Frederick Reines，1918—1998）。其实，SLAC的台湾理论家蔡永赐（Paul

Y. S. Tsai，1930年生）的τ衰变理论计算对τ的发现颇有贡献，但已然淹没在历史的洪流之中。

在τ轻子发现后不久，莱德曼（双微中子实验主导者之一）所领导的团队在费米实验室借400 GeV的质子束于1977年发现了类似J/ψ但重3倍的极窄新介子，是三代b与反b夸克的束缚态。其实莱德曼在丁肇中之前就已看到了J粒子的先兆，只是因为经费不足，他仅建了一个"单臂"的谱仪，因解像力太差而只看到了一个有若"肩膀"般的隆起，而不是丁后来所看到的尖峰。因此，莱德曼奋力建了双臂谱仪，他也吉人天相，只在3倍高之处就被他找到了。这当中倒是出了一点糗事。莱德曼团队稍早曾在6 GeV/c^2附近便宣称发现新粒子，并命名Υ。这也成为后来确实的b与反b夸克的新介子的名称。因为这个大写希腊字母的念法，人们当年用Oops-Leon来称呼更早出现的"6 GeV/c^2粒子"以调侃莱德曼，因为他的名字是Leon。b夸克现在通称底夸克或美夸克。

相较于τ与b的接续发现，第三代电荷+2/3的t或顶夸克的发现，则又等了18年。这是因为没有人预想到它的质量竟比它的伙伴b夸克重上40倍！其实早先人们拿m_u~m_d及m_c~$10m_s$模拟，认为m_t应当不会超过m_b 10倍。因此从1970年代后期到1990年代前期的正子电子e^+e^-对撞机，从SLAC的PEP（以及后来的SLC）、德国DESY的PETRA、日本高能实验室KEK的TRISTAN，到欧洲核子研究中心CERN的LEP，都寻找过顶夸克，中心能量范围涵盖30 GeV到100 GeV。有趣的是，借发展CERN新颖的质子－反质子对撞机于1983年初

发现重规范向量玻色子 W 和 Z 的鲁比亚（Carlo Rubbia，1934
年生，1984 年获诺贝尔奖）团队在 1984 年甚至宣称发现了质
量约 40 GeV/c^2 的顶夸克，还差不多正好是底夸克的 10 倍，后
来证实是子虚乌有。顶夸克一直要到 1990 年代中期，费米实
验室中心能量 1800 GeV 的质子-反质子对撞机运转良好以后
才发现，质量约 173 GeV/c^2，远重于人们原来的想象。

最后一个环节则是第三代 v_τ 微中子。从某方面讲，它的存
在在 LEP 的实验从事向量玻色子 Z 到微中子-反微中子对的强
度测量时，确实量到三颗微中子应有的强度而获得证实。但直
接侦测的证据则要到 2000 年。然而这个也是在费米实验室进
行的测量似乎未造成如顶夸克发现般的轰动，给人一种还有待
后续的感觉。

基本费米子

无论如何，在小林与益川于 1973 年借 CP 破坏预测应当至
少有三代夸克之后，τ 轻子与 b 夸克很快便在 1975 年与 1977 年
出现了，而顶夸克与 v_τ 微中子也在 1995 年及 2000 年发现。三
代的基本费米子全员到齐，而不同于二代的出现所伴随的拉
比"谁点的？"问题，小林与益川为三代的存在提供了理由：
为了 CP 破坏！我们在下一章将进一步引伸这个问题，因为小
林-益川机制似乎并未提供足量的 CP 破坏。

虽然拉比问题得到了部分答案，但代价有一点高：且不
谈微中子，e、μ、τ 轻子加六颗夸克共有九个费米子质量，再

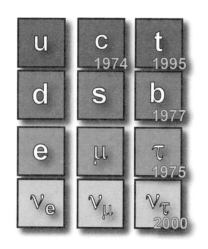

三代全席

小林与益川在1973年提出要有CP破坏，需要至少三代夸克的存在。在1974年发现c夸克的11月革命之后没有多久，1975年和1977年τ轻子与b夸克相继发现，而顶夸克与v_τ微中子则到1995及2000年才发现。

加上夸克混和有三个旋转角及一个相角，拥有三代费米子，参数是否多了一点。更何况微中子也有三个极轻的质量，及三个已量到的旋转角和一个未知的相角。我们端详三代基本费米子图像，不免想到当年的周期表。难道有新一层的物质结构吗？让我们也附带说明一下何谓"基本"：没有结构。除了顶夸克与微中子我们的信息尚不足外，就我们所知，其他夸克及带电轻子我们已验证它们到10^{-16}cm是没有结构的。对于u与d夸克，则它们似乎一直到10^{-18}cm是没有结构的。

除了参数数量、没有结构外，基本费米子还有质量分布范围问题，如图所示。显然，微中子独树一格，质量轻到eV/c^2或以下，需要分开讨论。但它们与带电费米子一定有关联，这个关联是什么？带电费米子的质量分布则从电子的$0.5\ MeV/c^2$一直到顶夸克的近$200\ GeV/c^2$，涵盖六个数量级。这又是为什么？我们在1970年代之前，只知道e、μ与d、u、s夸克的存在，图右边的c与τ、b、t则是1970年代中期以后才出现的，反映了它们较重的质量。因此c、b、t与τ被归为"重（口）味"（Heavy Flavor）费米子；"重味物理"的研究，到1970年代后期才展开，是人类探讨的较新领域。但，可说是与π介子同步发现的s夸克，身份则十分特殊。就像前面所描述的K^0介子到$\mu^+\mu^-$的衰变引出了GIM机制，CP破坏也是最先借K^0介子的研究发现的。对含s夸克的K介子研究，历经了三分之二世纪还在进行，因此K介子物理也常被视作"重味物理"的一部分。

虽然拉比问题因三代基本费米子的存在得到部分回答，然而三"代"的重复出现，及其所带入的参数数量与数量级范围等问题，其实可以把拉比问题重新问一遍："这些重口味，谁点的？为什么（辣度）范围这么大？"看来我们又需要新的门捷列夫……新的"量子力学"，还有新的动力学了。

四 沙卡洛夫与宇宙反物质消失

宇宙反物质到哪里去了？有些问题被问出来，让人摸不着头脑。

本书的主题是讨论夸克与宇宙起源的关系。除了"我们是由什么所构成的？"之外，我们要探讨一些更根本的论题：我们不时提到的反物质——"为何我们的宇宙只见物质而不见反物质？"请想一想，若我们周遭有反物质，那会是相当恐怖的，因为物质——你、我——碰到反物质会湮灭而释放极巨大能量。所以，我们生活的周遭，自古以来没有反物质可是个经验定律，因为我们与人见面握手的时候，并不需要确认对方不是"反人"。但这并不是说宇宙原本从来没有过反物质。宇宙中到现在还存留有反物质吗？会不会有反物质星系与星球？这听起来蛮耸动的，但物理学家不再认为可见的宇宙有反物质区域；因为若有，则在物质与反物质区块之间应当存在很亮、很暴烈的界面，我们却没有观察到。

目前的看法是，宇宙起初的大爆炸产生了等量的物质与反物质，但在很短时间之内，有一小部分反物质变成了物质，随后反物质与物质相互湮灭，只有那么一点物质存留，成就了我们。使极少部分反物质"变节"成物质的基本条件之一是"CP"破坏，其中的"P"是李政道与杨振宁先生所谈的"宇称"。

CP破坏是制作"人类温床"的沙卡洛夫三条件之一。在这一章，我们要从反物质的发现讲起，然后从宇称不守恒讲到CP破坏的发现，最后才引入沙卡洛夫的洞察。

反物质的预测与发现

　　我们在第一章介绍过的舒斯特是最早幻想"反物质"的人之一。他在1898年以《夏末之梦》的笔法，在《自然》（Nature）期刊论文中猜想物质与反物质分别是在四维空间里某流体"流出之源"与"流入之汇"，而源与源、汇与汇之间会相吸引，但源与汇之间则会相排斥……因此这一类19世纪的想法，多半是从重力角度入手，舒斯特也进一步幻想了他的反物质世界。但我们现今所知道的反物质，则是从相对论与量子力学结合而来，超越了舒斯特的想象。

　　为了将薛定谔方程式推广到电子的相对论性运动，狄拉克（Paul Dirac，1902—1984）在1928年写出了以他为名的方程式，从而预测了反物质的存在。让我们在这里作简易版的讨论。大家都熟悉的$E=mc^2$公式，很多人知道其实是$E^2=p^2c^2+m^2c^4$，第一项是动能，与三维的动量p有关，在动量为零的质心系便回到传统的$E=mc^2$。但由此可见，除了平常的$E>0$，相对论其实是容许能量$E<0$的。而在量子化以后，也就是狄拉克方程式，就必须[1]要面对能量为负的解。在数学的处理上，狄拉克发现能量为负的解对应到质量与电子相同但电荷相反的粒子。起初他也搞不清楚，曾试图将这个粒子解释成已知存在、熟悉的质子，但不能尽其全功，最后以"反电子"作为结

---

[1]　薛定谔方程式是将非相对论性的$E=+p^2/2m$动能予以量子化，因此已检选能量为正。

狄拉克于1902年生于英国布里斯托，父亲来自瑞士法语区，母亲则是英国人。他直到17岁才与父亲和兄妹归化英国籍。狄拉克十分内向而沉默寡言，用字简洁而精准，部分原因，据他说乃是从小父亲要求他以法语对话，但他做不到，渐渐地就不怎么说话了。这或许也是他倾向数学的原因。他的言简意赅与就事论事可从下面的轶事看出来。据波尔描述，有一次狄拉克在一个国际会议里给完演讲，有人举手问道："我不明白黑板右上角的方程式。"在一段不算短的沉默之后，主持人问狄拉克能否回答这个问题。狄拉克回答说："那不是一个问题，而是一个声明。"这还是他较长的发言，通常他都是以是与不是来回答的。但他写的论文则清明透亮，杨振宁先生称赞他如"秋水文章不染尘"，没有任何渣滓，直达宇宙的奥秘。狄拉克在海森堡独得诺贝尔奖后一年，与薛定谔分享1933年诺贝尔奖。

论。因为太新颖了，我们不能说在1930年左右，人们真的认知反粒子的存在。还好没有多久，安德森在1932年借云雾室发现了质量与电子相同但电荷相反的粒子，大家才确知深信反电子 e^+，即正子的存在。原来这一切都藏在相对论里，借量子化而显现出来。而借狄拉克电动力学方程式所预测的正负电子湮灭（annihilation）现象，以及倒反过来的正负电子成对产生（pair production）的现象因为电子数守恒在1933年得到实验确认。

什么是反物质？

什么是"反"物质？除了与物质粒子"质量相同但电荷相反"的口诀外，物质与反物质相遇会相互湮灭。譬如正子遇上电子，电荷互相抵消了，它们的身份可以相消，还原成 $E=mc^2$ 的纯粹能量，释放（至少）两颗光子。我们说，反电子即正子 e^+ 与电子 e^- "相互湮灭"产生 γ 射线，或纯粹能量。

一个正、负电子对湮灭会释放出约 1 MeV 的能量，与一

狄拉克、安德森与正子的发现

左图中两人分别是狄拉克与安德森，而右图是安德森观测到的反电子照片。（图片来源：http://commons.wikimedia.org/wiki/File:Dirac_4.jpghttp://en.wikipedia.org/wiki/File: Carl_Anderson.jpg.http://zh.wikipedia.org/wiki/File:Positron-Discovery.jpg。）

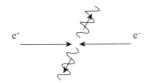

正、负电子对湮灭

反电子 e^+（正子）与电子相互湮灭，产生 γ 射线，或纯粹能量。

般化学反应的 eV 级能量释放相比，高了近百万倍，而且与一般核反应相比，不留余物。也许你读过丹·布朗所写的《天使与魔鬼》这本书（写在《达·芬奇密码》之前），或看过拍成的电影。书中以特殊装置封装极少量的反物质，使其不与物质接触，但被名为光明会的天主教秘密团体劫走。可是保护装置的有效期限快到了，一旦过期，反物质与物质相遇会释放约对等于半克的能量，足以毁灭梵蒂冈教廷城，因此，兰登教授出动……

　　反物质不只出现在惊悚电影里，其实早已走进我们生活的周遭，只是我们没有察觉而已。你走进一间大型医院，在某个光鲜亮丽的角落，常可看到所谓的正子造影中心。这是什么呢？这是结合正负电子对湮灭及侦测、生化医学、计算机图像处理的高科技医学诊断仪器。它利用了正负电子对湮灭成背-对-背的两颗光子的特性，可以将只有 1 mm 大小的癌症肿瘤显现出来。所以说，狄拉克与安德森反物质的发现，不只是有洞悉物质本源的学术价值，对人类生命与生活确实是有影响的。

反电子的理论与实验发现以及正负电子湮灭的实验确认，让人们认知了反物质的存在。我们在前面章节提到的 $\mu^{\pm}$ 轻子与 $\pi^{\pm}$ 介子也是以正、反粒子存在，符合反粒子的"操作定义"：电荷相反，与粒子相互湮灭。但"我们"及周遭所有的物质，其主要质量是在原子核里，也就是质子与中子里。反质子与反中子存在吗？它们是否也与质子、中子（不带电！）相互湮灭？在我们每一个人的经验里，无论居家还是上街，我们从来不用担心湮灭释放的巨大能量，所以，看来我们周遭并没有反质子与反中子的存在。但我们也不能想当然尔，反质子与

正子造影

PET 是"正电子发射断层扫描"的缩写，它利用精确测量正负电子对湮灭所产生的背对背光子而重建发射点，借电脑运算与统计处理，可诊断出小至 1 mm 的肿瘤。目前在医疗使用的 PET-CT 是利用癌症肿瘤细胞的好糖性，用可辐射正子的放射性素氟-18 同位素做成氟代脱氧葡萄糖 FDG，注射至人体内，借血液循环至全身，FDG 会向好糖的器官或部位（譬如大脑或发炎的伤口，或是肿瘤细胞）集中。F-18 衰变辐射的正电子与就近的电子湮灭所产生的光子借 PET 收集扫描、分析重建而达成 3D 成像，帮助医生诊断。当然它也有其他各种的应用，但在一般医院多半用在肿瘤医学。氟-18 的半衰期不到两个小时，因此需在医院附近借回旋加速器来制造，再在一个可处理放射材料的化学实验室快速制成 FDG，再将其快速移至 PET 中心，是一个相对昂贵的医疗诊断方法。

正子辐射的正名是 β^{+} 衰变，是居里夫人的女儿与女婿约里奥——居里夫妇于 1934 年发现的，获得 1935 年诺贝尔化学奖。回旋加速器的原理是劳伦斯（Ernest Lawrence，1901—1958）发现的，获得 1939 年诺贝尔物理奖。若再加上狄拉克与安德森所分别获得的诺贝尔奖，再思考这些人没有一个事先为将来可能的应用做设想——这就是基础研究的真实意义。

反中子存在与否乃是要经过实证。万一老天爷对待质子与中子有别于电子呢？事实上，质子与中子的磁性并不符合狄拉克方程式的预测，因此确实与电子有一点不同。然而，质子比电子重近2000倍，要借宇宙线看到反质子比反电子困难得多，而1930年代的加速器技术正在起步，要提供这样大的能量的时候还未到。

二次世界大战大大提升了人类工艺技术的层次，人们不但开始掌握原子核，且因原子弹的成功，物理学家在两大超极强国美苏竞赛下得到极度重视与礼遇。在1930年代发明了回旋加速器原理并因此获得1939年诺贝尔物理奖的劳伦斯，因曼哈顿计划的参与，得到政府的财力支持，在1948年通过在加州柏克莱兴建所谓的Bevatron（B是billion，亦即10亿的意思，也就是以10亿电子伏特为能量单位的质子加速器；如今惯用的是从Giga而来的G），可加速质子到6 GeV。

这个60亿电子伏特的数字是怎么来的呢？我们不做深入计算，只略予叙述。当时已知要像反电子一般在宇宙线中寻找反质子太困难，而要借人造加速器。以高能质子撞击质子或中子，产生反质子的同时，必然成对产生另一质子或中子，因此必须提供约2 GeV的质心能量。但质子高速撞击靶中静止的质子，敲出来的系统必须带着质心运动的动能，因此略微计算之下，质子要加速到约6 GeV才能跨越产生反质子的门坎。Bevatron的方案就是这样提出来的，而且压倒了当时隔着美洲大陆在纽约长岛布鲁克海文实验室通过兴建的3 GeV

Cosmotron，可见劳伦斯的影响力。

Bevatron 自 1948 年开始兴建，中间经过一些耽延，于 1954 年开始运转，1955 年就发现了反质子，可说十分成功，除了加速器外，其中用到了纳秒（nanosecond）精确度的电子学以及所谓切伦科夫辐射鉴别器的装置（切伦科夫辐射的发现与理论解释获得 1958 年诺贝尔奖）。发现反质子的论文由四人署名，但 1959 年的诺贝尔奖只颁给了塞格雷（Emilio Segrè，1905—1989）及张伯伦（Owen Chamberlain，1920—2006）。不过，这两人分别是在费米的指导下获得罗马大学及芝加哥大学的博士学位。塞格雷在意大利时追随费米做研究，因为自己是犹太人，与费米类似，在 1938 年访问伯克利时因墨索里尼上台而未返国。在反质子发现的实验之后不久，反中子也在 Bevatron 借照相乳胶发现。基本上，反质子或反中子与质子或中子湮灭成约 5 颗 π 介子，这在塞格雷与张伯伦获奖之前便已清楚了。劳伦斯则在两人获奖前一年去世。

你也许问为什么反质子与质子湮灭成约 5 颗而不是 2 颗 π 介子，甚或不是两颗光子。正负电子湮灭成两颗光子乃是因为没有其他粒子比光子更轻了，而湮灭到两颗微中子或两颗"引力子"（万有引力的传递粒子）则反应进行得太慢了，也就是弱作用与重力作用比电磁作用力弱太多了。但反质子与质子则感受到强作用力，而 π 介子是强作用的媒介粒子。反质子与质子是可以湮灭成两颗光子（但反质子与中子，或反中子与中子就不行），但这个反应比辐射 π 介子慢得多。事实上，π 介子像是从一个高温的"强作用火球"辐射而出，辐射出的 π 介子

数目与火球温度相关，费米在反质子发现前便以统计模型加以
讨论了。

总而言之，虽然质子与中子是具有大小结构的强作用粒
子，反质子与反中子的发现确立了自狄拉克与安德森发现反电
子以来，粒子必有对应的反粒子的相对论性量子场的特性。粒
子到反粒子（或反之）的变换叫作charge conjugation，简称C。

宇宙反物质消失之谜

让我们再来想一想一开始的人与反人握手湮灭图像：握
手乃是和平，却相互飞灰湮灭?! 在这险恶的宇宙行事还真是
要小心呢。我们日常生活与行事，没有湮灭的情况，这是每个
人长久的经验。以现在全球交通的发达，我们知道全地球都是
物质组成。我们看到太阳发光以pp链为主要能源而不是爆发
式的湮灭，感受到的太阳风主要是质子构成；派宇宙飞船登
月、登陆火星、探测外行星甚至登陆外行星的卫星，确知太阳
系是物质组成。而如果离太阳不远处有反星球，我们预期在它
与太阳之间，将有反物质转变成物质的混合地带，这样的地带
将可看到反物质湮灭所放的光。在我们银河的尺度，我们确实
看到正子云的存在，但它的成因乃是来自银河核心的γ射线，
不是真有反物质区块的存在。依此类推，物理学家不认为宇宙
存在反物质区域。然而，狄拉克在他1933年的诺贝尔演讲中
提到了"反世界"："有些星球很可能是倒过来，主要是由正电
子与负质子组成。事实上，或许有一半的星球是这样的，以现

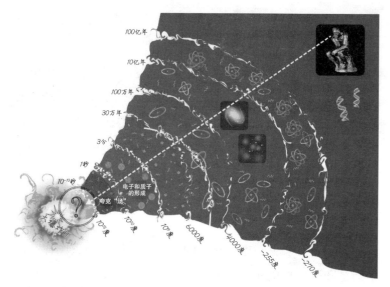

100亿年
10亿年
100万年
30万年
3分
1秒
10^{-10}秒

电子和质子
的形成

夸克"汤"

大爆炸

$10^{?}$度 10^{12}度 10^{11}度 6000度 4000度 ~255度 ~270度

宇宙反物质消失之谜

如果大爆炸之初产生等量的物质与反物质，为什么现在可见的宇宙中只有物质？反过来说，存留的物质在这么多年后产生了"我们"，却能问出这样的起源问题。

有的天文物理方法，是无法加以区分的。"的确，当时的天文观测还不完全，人类的视野才刚跨出银河系，开始看到银河之外的众多星系在高速远离中……丁肇中先生自1990年代起集巨资打造的AMS太空实验，原本的标语也是"发现一颗反氦原子核就证明宇宙有反物质，发现一颗反碳原子核就证明宇宙有反星系"。但目前AMS实验并没有看到这些，反倒是在检验过多的高能正子，是否来自"暗物质"的湮灭。

根据狄拉克的量子电动力学方程式以及后续的其他动力学方程式，宇宙起初的大爆炸应是产生了等量的物质与反物质。可是就在一瞬间之后、约10^{-10}秒或更短，宇宙的反物质都不见了，只有物质留存下来。这是为什么呢？宇宙的反物质为什么会消失呢？

在引言中我们问"反物质哪里去了？"，那时读者一定摸不着头脑。但沿着科学家研究反物质的过程一路读下来，这里我们再问一次"反物质为什么消失？"，我们脑筋一转，就可认识到，这个认知过程本身非常不简单：因为我们前几章所述的宇宙发展，存留下来的混沌物质隔了一些时日才从夸克汤"水过无痕"地凝结出质子、中子，再形成氦原子核，再形成星星与原子，再制造出较重元素并借超新星爆炸散播出来，再有我们的太阳系的形成，再有地球生命的出现；过了许久，也就是一直到最近才出现人类，人类出现后又直到近300年才有科学的突飞猛进，又直到近100年前人类才认知有反物质的存在……妙哉，人类"心中的眼睛"，在认知了自己及自己所处的环境之后，可以将眼光一直拉回到宇宙的最起头，探问："我为什么会在这里？""我是怎么来的？""宇宙反物质是怎么消失的？"

这一切，都浓缩到了罗丹的沉思者雕像里。

宇称不守恒到CP破坏

罗丹的沉思者，既是人类整体，也是单独个体的集合。人类的知识与理解借思考与动手探询而扩展。

"CP破坏"里的C便是在前面已经介绍的将粒子变成反粒

子、把反粒子变成粒子的变换，在相对论性量子场论里可以用数学语言表示出来。P则更熟悉了：它是李政道与杨振宁先生所探讨的宇称不守恒中的"宇称"。宇称变换乃是将"空间反号"，亦即将三维空间对原点做镜射，也就是将坐标轴都变个号。这个变换等价于$x \rightarrow -x$的镜射，再沿x轴旋转180度，前者基本上就是镜像，亦即$x \rightarrow -x$的镜射是镜子里的影像世界。从这里我们也看到宇称变换将右手性坐标系转换成左手性的。

吴健雄基金会成立历史性照片

1995年的照片中由左而右分别是李远哲、李政道、丁肇中、杨振宁四位诺贝尔奖得主，以及前面中间的吴健雄与袁家骝伉俪。（图片来源：http://www.wcs.org.tw/。）

宇称的概念在非相对论性量子力学如原子系统中已见功用，譬如原子光谱借电磁辐射的"选择规则"来解释，一大重点便是电子的跃迁（辐射出光子）只发生在宇称不同的能阶之间。如果宇称变换是P，则两次的宇称变换必将系统还原，即

$P^2=1$。因此原子的电子组态在宇称变换之下只能是变号或不变号，前者的宇称为"–"，后者宇称为"+"（即–1与+1，两者均满足平方为1）。因此辐射的跃迁发生在宇称为+到–，或–到+的能阶之间。薛定谔方程式与麦克斯韦电动力学成功解释原子系统的能阶与光谱，使宇称守恒像不证自明的公理一般深植人们的脑海。这个不变性，亦即守恒律，在汤川理论带领人们了解强作用之后，核物理以致后来粒子物理的发现，也都显示在强作用之下宇称是守恒的。其实这一句话并不能贴切地描述物理学家的心态。如前述，物理学家经历了理解原子物理、附带解释了化学的胜利，扩展到原子核物理以至衍生的粒子物理，宇称守恒就像一个保障一般，根深蒂固、颠扑不破，当然永远是对的了。

但在弱作用，宇称守恒露出了破绽，这个破绽被初生之犊的华人物理学家抓到并解决了。

我们在上面放的一张1995年吴健雄学术基金会成立的历史性照片里，囊括了当时的华人诺贝尔奖得主李远哲、李政道、丁肇中、杨振宁，以及中间的吴健雄与袁家骝伉俪，但后面这三位并未获得诺贝尔奖，吴健雄则在拍照两年后于1997年过世。以吴健雄的贡献，未与李政道、杨振宁共同获得1957年第一次的华人诺贝尔奖，是一桩讲不完的公案。

随着加速器的蓬勃发展与新粒子不断的发现，1950年代中期出现了所谓的θ-τ问题。自1940年代后期借宇宙线发现的各种"V粒子"，到1950年代中期轮廓渐趋明朗。但有两颗分别命名为θ与τ（不能与后来命名的τ轻子混淆）的V粒子，使人十分困扰：它们的质量、"宽度"（即衰变率，或生命期的倒数）、自旋等性质都一样，但θ衰变到二颗π介子，τ衰变到三颗π介子，因此前者的宇称是"+"，而后者则为"-"，因为单颗π介子的宇称是"-"。究竟怎么回事呢？李政道与杨振宁一同探讨这个问题，最后在1956年的论文中提问：这两颗粒子都是经由弱作用衰变到π介子；虽然宇称在电磁作用与强作用的守恒十分真确，但新的V粒子弱衰变的探讨仍在新鲜的阶段，甚至弱作用整体都是最神秘的宇称守恒的问题，其实在弱作用的范畴并没有被仔细检验过?! 若宇称在弱作用并不守恒，那么θ与τ作为同一颗粒子就没有妨碍了。大哉问之余，两人提出数种实验检验宇称在弱作用是否守恒的方法。他们的论文在6月投出，于10月发表。

　　杨振宁（1922年生）与李政道（1926年生）两位先生先后到抗战时期在云南昆明的西南联大师从吴大猷先生，再出国到芝加哥大学师从费米，但先到的杨振宁在尝试实验物理后，在美国氢弹之父泰勒名下完成博士学位。因为这样亲密有若师兄弟的关系，两人有极佳的合作，到1956年两人分别在普林斯顿与哥伦比亚任职时更是如此。

　　李政道与杨振宁提出数种检验宇称在弱作用是否守恒的实验方法，虽经到处宣传，却并没有得到太大的回响。但他们所提的方法之一是偏极化的β衰变。吴健雄是李政道在哥伦比亚的同事，是知名实验核物理学家，曾参与过曼哈顿计划。[①]因

① 吴健雄恐怕是参加曼哈顿计划唯一的华人，当时她还未入籍美国。

她是β衰变专家又同为华裔的同事，李政道说服了吴健雄，着手进行有名的钴60实验。这个实验，必须将钴60放射源降到极低温以消除热噪动，并放在强磁场中以将Co-60偏极化，亦即将其自旋与磁场平行。为此，在联络了低温物理专家之后，吴健雄于1956年底将实验装置带到位于马里兰州的美国中央标准局进行。基本上，磁偏极化的Co-60其磁极在宇称变换之下不变，但宇称若不守恒，则β衰变辐射出的电子将在Co-60偏极或自旋的正、反方向上不对称地分布。吴健雄实验观察到的果然如此：β衰变的电子倾向自Co-60自旋的反方向射出，所以宇称在弱作用果然不守恒。

当吴健雄在中央标准局进行的实验近尾声、最后检验数据时，吴健雄告知李政道与杨振宁实验的结果，但请他们暂时不要对外揭露，因为结果还需要最后检验。但李政道在1957年1月初告诉了一些哥伦比亚同事，其中的加文（Richard Garwin，1928年生，他也在IBM任职）、我们已提到多次的莱德曼以及另一位同事立即着手修改手边的一个回旋加速器实验，几乎立即就验证了宇称不守恒。他们检验的是$\pi \to \mu \to e$的衰变链，也是李与杨所建议的：若宇称在弱作用果真不守恒，则自π介子衰变而出的μ子将是偏极化的，因此μ子衰变产生的电子分布将在μ子偏极或自旋方向上不对称，与偏极化Co-60的β衰变一样。难怪他们不用低温，只要将现有的π介子实验变通一下就做出来了。然而他们很君子地等吴团队将论文写完后在同一天，也就是1957年1月15日，将论文投递出去，论文中坦承事前获知吴团队的结果。因此吴团队的论文登载在前面，而后续很快地便有其他人的验证。

天塌了：原本想当然尔一定守恒的宇称，竟然在弱作用中不守恒?! 套用大师鲍立的话，"我实在难以相信上帝是个（软）弱左撇子!"（I cannot believe God is a weak lefthander!）但实验已然宣告了，事实就是这样，不容狡辩（鲍立也在1958年过世）。因此李政道与杨振宁在1957年当年就荣获诺贝尔奖，李政道是历来获得物理奖第二年轻的，而他们俩也是首先获得诺贝尔奖的华人，只比日本人晚八年。那时两人都还手持中国护照!

但为什么吴健雄没有一同得奖呢？众说纷纭。实验的确都是由李与杨建议的。或许是莱德曼三人手脚太利落了，抢了钴60实验的风头，虽然他们承认事先获知钴60的实验结果。或许是吴健雄在论文中排名第一而没有照姓氏的字母序，得罪了中央标准局一边（甚至背后）的人……总而言之，多少脱离不了一定的性别歧视，因为即使不是华人，女性被咸认该得诺贝尔奖而未得的也所在多有。

若是华人首次得奖，三人中有一人是女性，将是美谈。而且若是如此，吴健雄说不定还可成为"现实版宇称①不守恒"——李、杨决裂时斡旋双方的和平缔造者，就像1995年的照片所显示的一样。

在实验证明宇称在弱作用中不守恒之后，粒子物理学家十分惶恐，急着找"救生圈"来自我安慰。吴健雄及莱德曼等

_____

① 宇称的英文，Parity，有平起平坐或对等的意思。

人发现的，不但是P百分之百不守恒，C也是百分之百不守恒。到1958年由蕃蔓与葛曼提出的所谓V-A理论，基本上宣称只有左手性的微中子存在，且只有左手性的费米子参与弱作用。这就好像照一般的镜子：左手性的微中子跑去看镜子时，发现镜子里没有影像（"鬼无影像"）。同样地，若有一面镜子将C模拟于P的话，也就是说镜像是反粒子，则左手性的微中子也没有左手性的反粒子！然而，救生圈找到了：若有一面镜子，是将左手性的粒子反照到右手性的反粒子，亦即CP的镜像，那么好像就可心想事成了。换句话说，在做一般的左右交换的镜像时，若再把粒子变成反粒子，如此的变换在弱作用中是守恒的。更生动地说，左手性的微中子跑去照"CP"的镜子时，就照出影像了。这个CP镜像的想法，经初步实验验证是成立的，因此粒子物理学家略感安慰：虽然C与P皆100%不守恒，亦即破坏了，但其乘积CP乃是守恒的。谢天谢地感谢主，我们仍有一个守恒律的存在。就像爱因斯坦所说："主①是奥妙的，但他不怀恶意。"（Subtle is the Lord, but malicious He is not.）他拿走了P守恒，却也同时拿走了C守恒，但合在一起，看来CP仍是守恒的。弱作用在CP的镜子中是守恒的！

可惜好景不长，这个中文称为电荷·宇称守恒的CP对称性，在1964年被实验发现"镜子有裂缝"：CP在中性K介子的衰变中，有千分之二的不对称。

在θ-τ问题因宇称不守恒的发现而成功解决之后，两颗最

---

① 在这里"主"可看作大自然的拟人化，就像我们用的"老天爷"。

轻而带奇异数 S=±1 的带电强子（即原本的 θ 与 τ），与质量类似的两颗 S=±1 中性强子，一同被称为 K 介子：S=+1 的 K^+、K^0 和 S=−1 的 K^-、反 K^0。宇称 100% 不守恒了，但 CP 对称性容许将 K^0 和反 K^0 做线性组合，在 CP 变换下为正的中性 K 介子衰变到二颗 π 介子，为负的则衰变到三颗 π 介子。后者因为有三个终态粒子来瓜分 K 介子的质能，又恰巧 K 介子的质量（约 500 MeV/c^2）比三颗 π 介子的质量（约 140 MeV/c^2 的 3 倍）没有大上多少，因此其衰变率比衰变到二颗 π 介子的中性 K 介子低许多，也就是生命期长许多。事实上长命的中性 K 介子正是在宇称被证明不守恒前在布鲁克海文实验室的 Cosmotron 发现的。

到 1960 年代 Cosmotron 被 AGS 质子同步加速器取代，也就是丁肇中后来用以发现新粒子的机器。1964 年，普林斯顿大学的菲奇（Val Fitch，1923 年生）与克罗宁（James Cronin，1931 年生）及两名合作者用 AGS 的高能质子束撞击产生中性 K 介子束。他们再利用长、短命中性 K 介子生命期差异极大的性质，在下游够远的地方，只剩长命中性 K 介子存活，用来研究长命中性 K 介子与物质作用后的一些奇特性质。但因为可达到新的实验精确度，他们也检验是否有所谓的 CP 不对称，或 CP 破坏的现象。在没有预期的情况下，他们发现每千颗的长命中性 K 介子，约有两颗会衰变成二颗而不是三颗 π 介子。但二颗 π 介子的 CP 为正，因此证明 CP 对称性在中性 K 介子的弱衰变中有千分之二的不守恒！天再度塌了，而且比 P 与 C 的百分之百不守恒更令人费解：CP 在弱作用中不守恒，但其破坏却只有那么一丁点。老天在开什么玩笑？因这个实验发现，克罗宁与菲奇荣获1980年诺贝尔奖。

沙卡洛夫观点

我们可以引入沉思者沙卡洛夫（Andrei Sakharov，1921—1989）的洞察了。

1964年CP破坏的实验发现，深具震撼力。物理学家对时空对称性所坚持的最后堡垒陷落了，而且尴尬的是，这个"瑕疵"只有小小的千分之二。难怪人们之前会误以为CP在自然界是绝对守恒了。但让我们想一想，完全的对称，在艺术上常常显得僵硬而不够美，也常欠缺真实的生命感。莫非上天在这里藏了什么谜语？从这里入手做另类思考，苏联的氢弹之父沙卡洛夫提出了惊人的洞察，有若替人类在惶恐中反败为胜，找到了"上主的安排"。他在1967年提出相当清明简洁的论文，其俄文的原始稿件加上眉批如附图所示。文章的名称，翻译出来是"CP对称性破坏，C不对称及宇宙重子不对称"，而手写的眉批或隽语，翻译出来则是

从大久保效应

在高温下

为宇宙缝制了一件外套

来符合它倾斜的形状

沙卡洛夫显然知道CP破坏的实验发现，但在论文中他提到的是美籍日人大久保进（Susumu Okubo，1930年生）在1958年最早的理论建议，因此第一行指的是CP破坏。而高温则指的是宇宙大爆炸初始的暴烈混沌状态，显然受了1965年所发现的3°K宇宙背景辐射的影响①。第三句与第四句，则以隐喻的方式，点到宇宙只见物质而不见反物质（倾斜的形状），而所"缝制的外套"，则是他本人在标题中点出的大胆假设：重子数不守恒。让我们来消化一下吧。

沙卡洛夫是一位奇才，第二次大战后在苏联诺贝尔奖得主塔姆（Igor Tamm，1895—1971，因切伦科夫效应的理论解释获1958年诺贝尔奖）名下获博士学位，不久便与塔姆一同被征召参与苏联的核子弹研究，因贡献卓著而有苏联氢弹之父的名声。因着美英苏有限禁止核试协议于1963年的签订，舒缓了苏联核子弹研究的压力，1965年左右沙卡洛夫恢复从事一些基础科学研究，这一篇论文便是其中之一。CP破坏在1964年的实验发现我们已讨论过了，而1965年3°K宇宙背景辐射的发现，则比CP破坏的发现更属意外，确立了宇宙借大爆炸产生为宇宙起源的主流学说，发现者宾纪亚斯与威尔逊则获1978年诺贝尔奖。所以，沙卡洛夫在主导苏联核子武器研发19年之后的空档，吸收了当时这两大发现，提出他的大哉问："宇宙反物质哪里去了？"再提出他的猜想，就是有名的

---

① 确实讲，应称3K背景辐射，而不是3°K，因为K是绝对温度，而3K对应到零下273℃。但这里我们用"3°K"与一般直观对温度的感觉比较接近。

沙卡洛夫三条件。这三个条件，不但融合了CP破坏与宇宙以极高温的大爆炸方式产生两大信息，而他所猜想的重子数应当不守恒，简单地说就是质子会衰变——领先学界想法近10年。

CP破坏、宇宙物质当道与你

不能怪人类（包括你）长久以来无法问出"宇宙反物质哪里去了？"这样的问题，因为放眼宇宙，只见物质。而对反物质的认知，也是因为人类在廿世纪认知了相对论与量子力学，并将其结合起来以审视宇宙。但即使认识了反物质，若问"宇宙反物质哪里去了？"，长久以来似乎只能诉诸"起始条件"：宇宙在产生之初的设定便是如此，因为在全宇宙的尺度，只见物质而不见反物质，但物理定律却对等地对待物质与反物质，这个不对称性太大了。而诉诸起始条件，则好似"上帝"的决定，这样的看法始终令物理学家不满意。你甚至于可以说，这样的上帝，虽蛮有权柄，却好像有一点"笨"，太不奥妙了。

事实上，沙卡洛夫的想法提出来后约10年，并没有太大的回响，而是在其后10年随规范场论的发展到了大统一场论架构时，知道质子的确原则上可衰变，而且有其他的人发现了类似沙卡洛夫的想法，蓦然回首，人们才发现这些想法沙卡洛夫早在10年前规范场论还不完备时就已经提出了。

根据已知动力学，假设宇宙没有什么特殊起始条件的设定，则初始大爆炸应产生了等量的物质与反物质。这时，沙卡洛夫说：

 ·重子数不守恒

 ·CP破坏（及C破坏）

 ·偏离热平衡

  若这三个条件充分满足，则在宇宙炽热的起初，有那么一颗粉红粒子变节为蓝色粒子，亦即反粒子变成了粒子，如图中第二阶段所示。随着大爆炸之后因膨胀而降温，但密度仍高，因物质与反物质相互湮灭的定律，一对对反粒子与粒子捉对湮灭，如图中第三阶段所示。这些相互湮灭的粒子–反粒子对，基本上把能量转给了宇宙背景辐射，但因宇宙膨胀降温，无法再回归原来的粒子–反粒子对。然而，那一小部分变节成粒子的原初反粒子，因找不到反粒子来湮灭，便存留下来，成为我们的"祖先"，如图中第四阶段所示。这四个阶段在宇宙最初的阶段很快发生，但要产生"人类的温床"地球，则是过了许多年，而等到人类被打造出来，则是过了137亿年！根据当初沙卡洛夫的推算，我们要解释现今只有物质而没有反物质，其实是要解释在宇宙很早期，也就是图中的第二阶段，每10亿颗反粒子只要一颗变节为粒子就可以了。也就是说只有10^{-9}的原始物质存留，就与我们所观测到的物质符合。为什么呢？因为从炽热的起初降温到现在的2.7°K宇宙背景辐射，当时湮灭产生的极大量光子主要都已在微波的频率范围。约10^{-9}的数字叫作宇宙重子不对称性（Baryon Asymmetry of the

Universe，简称BAU）。

本书剩下来的主题便是要来探讨：夸克的存在与性质能够解释宇宙物质的起源，也就是反物质的消失吗？BAU这个数字可否用已知的物理学来解释？附带一题：伟大的沙卡洛夫得过诺贝尔奖，却是1975年的和平奖！

苏联–俄罗斯的氢弹之父却得诺贝尔和平奖，还真是奇谈。然而沙卡洛夫确实实至名归。沙卡洛夫通晓事物，深邃又务实，但他的灵魂借超凡的核武研究被提炼达到纯净。沙卡洛夫说他从事高度紧张而秘密的核武研究20年，和很多苏联知识分子一样有着建立全球军事平衡的使命感，也被它的挑战所吸引。为此，他享受极佳的待遇，也获得苏联多项奖章与荣誉，并在32岁便成为苏联科学院院士。但他的观念与看法渐渐产生了很大的转变。因为他主导热核武器研发并执行试爆，有若当年的奥本海默（Robert Oppenheimer）一般，让他对这样的活动所附带的道德责任有了深切的体认。所以，他自1950年代晚期便倡导对核子武器测试的限制，与当局开始起冲突。他之所以留在核武开发之领道地位，部分是为了发挥他的良性影响力，而1963年的有限禁止核试协议，他是提倡者之一。自此而后，他的视野与关怀面提升到涵盖环保与人权，直到他在1968年先以苏联异议分子地下文件samizdat方式传布、后于美国《纽约时报》以英文发表的"进步、共存与思想自由的反思"一文，触怒了苏联当局"。他被禁止参与秘密工作，也被剥夺了很多的权益。这些在他获得1975年和平奖之后加剧，直到他在1980年被拔除一切因他的服务与贡献而获得的苏联奖章与荣誉，放逐到高尔基软禁。直到1986年，他得到戈巴契夫亲自的允许返回莫斯科，于1989年心脏病发逝世。

沙卡洛夫的一生，不但是代表人类探索的沉思者，他还将层次提升，成为道德层面的沉思者。这虽然不是本书主题，但这样的伟人——彰显了人类另一惊人属性——值得尊敬！

五 四代夸克 "通天"

宇宙反物质到哪里去了？沙卡洛夫的三个基本条件，重子数不守恒、CP破坏及偏离热平衡，作为必要条件，粒子物理标准模型均满足。也就是说，这三个条件在标准模型里都可以发生，说起来其实还蛮神奇的。但若要满足充分条件，则重子数不守恒十分神奇地反而不成问题，但已知的三代夸克CP破坏远远不足，而电弱对称性自发破坏的相变化似乎又太弱了，并非所需要的一阶相变。究竟是我们已知的物理学离解释宇宙反物质消失之谜还太遥远，还是标准模型其实已提供我们解开这个大谜题的一切要件？在本章我们将介绍小林-益川三代夸克CP破坏的实验验证。在解释了三代CP破坏远远不足之后，我们进一步简单解释，若将已知的三代夸克推广到第四代，则应可提供满足沙卡洛夫的CP破坏条件！因此四代夸克似乎 "通天"。在下一章，我们则要讨论极重四代夸克的存在，它本身便可能是另一大议题——电弱对称性破坏的源头。

B介子工厂与三代夸克CP破坏的验证

我们在第三章已经介绍了小林诚与益川敏英探讨CP破坏之源，在连第四颗夸克都还未确定的1972年就提出了6颗夸克的论述，因而与南部阳一郎同获2008年诺贝尔奖。其实，在当时的日本研究CP破坏如何在弱作用中出现，他们有两个优势。一方面他们两人都出自名古屋大学坂田昌一的门下，因名古屋学派的缘故，对存在3颗以上夸克的可能性是十分接纳的。另外，名古屋大学的实验家丹生洁（Kiyoshi Niu，生于1925年）在1971年借高空气球照相乳胶实验，找到质量有好几GeV/c^{2}的新粒子征兆，促使数群日本学者（包括小林）探讨四颗夸克的可能物理。可惜没有人预测出类似后来J/ψ介子的特性。小林则在1972年春获名古屋大学博士学位后，于4月赴京都大学任助手（类似助理教授）职，益川比他早两年已在那里。因为当时非阿式规范场论的可重整性已被证明，人们对所谓的格拉肖-温伯格-萨拉姆电弱统一场论越来越重视，然而1964年实验发现的CP破坏现象仍没有得到完整的解释。小林与益川决定在电弱场论架构下探讨CP破坏。他们原本锁定四颗夸克的架构，但所有的相位角都可借调整夸克的相角自由度而吸收，无法得到可参与物理过程的CP破坏相角。看来要解释CP破坏，在自然界要有新粒子的存在。他们探讨了各种增添新粒子的可能，但有一天灵机一动（据益川说，是有一晚他自澡盆站起来的时候），注意到若将4颗夸克增加到6颗，则有唯一的CP破坏相角出现。

三代夸克CP破坏只是小林与益川提出的数种可能中的一种，因此并没有马上被重视，即使在发现J/ψ介子以至4颗夸克确定存在之后仍然如此。但随着1975年τ轻子的发现，预期还会有伴随的微中子，因此可能有对应的另两颗夸克，有人开始认真讨论三代夸克的CP破坏。到了1977年Υ及相关系列介子的发现确立第五颗b夸克存在之后，很快地三代共六颗夸克被接受为"事实"。如我们在第三章描述的，自1970年代末期起，一个接一个的大型正负电子对撞机，都以发现第六颗顶夸克t为目标。然而顶夸克却迟迟到1995年才在费米实验室的Tevatron质子对撞机发现。它比b夸克重了40倍，完全超乎人们的预期。

三代夸克的确立，虽然大大提升了人们的兴趣，但并不保证CP破坏来自小林–益川机制。譬如在1964年实验发现CP破坏之后，沃芬斯坦（Lincoln Wolfenstein，1923年生）随即针对K介子系统提出所谓的"超弱模型"，如果是对的话，那么在任何其他系统都不会再看到CP破坏了。这是因为CP破坏参数"超弱"，能在K^0介子系统显现乃是因缘际会的巧合。因此自1970年代后期起，实验家开始关切所谓的K介子"直接"CP破坏的测量；菲奇与克罗宁发现的CP破坏，可以用发生在K^0与反K^0介子混合的效应来解释，而不是发生在衰变过程中，因此被称为"间接"CP破坏。若侦测到直接发生在K介子衰变过程中的CP破坏，就可否证伍尔奋斯坦的超弱模型。三代夸克的标准模型，亦即CP破坏来自小林–益川的机制，预测了蛮大的K介子直接CP破坏，导致大西洋两岸各组团队

积极进行实验。然而在b夸克发现后的
1970年代末期,人们并没有预期顶夸克
会比b夸克重非常多。到了1980年代后半
段,一方面一连串的正负电子对撞机都没
有找到顶夸克,另一方面所谓B^0与反B^0
介子混合现象的实验发现,让人们了解到
顶夸克十分地重。在重新审视之下,很重
的顶夸克将使K介子直接CP破坏变小一
个数量级,使实验的侦测变得困难许多,
一直到1999年才底定。但另一条脉络的
发展,却已更领风骚,就是所谓的"B介
子工厂"的发展,能够直接测量到小林-
益川的三代夸克CP破坏相角!

　　b夸克借Υ介子的发现确立不久之
后,带有单颗反b夸克的B^+及B^0介子
很快就被发现了。幸运的是,在康奈尔
与德国DESY实验室分别有中心能量在
10 GeV左右的正负电子对撞机CESR与
DORISII。这个能量在所谓的Υ(4S)介
子质量附近,适合借$e^+e^- \to$ Υ(4S)$\to$B+
反B介子的过程研究B介子的性质,亦即

在1970年代理论家预测K介子直
接CP破坏可达百分之几时,温斯
坦(Bruce Winstein,1943—2011)
积极设计、筹备实验,但等到实验
要进行时,理论家的预测值却变小
了!到1980年代末,当人们转而
预期顶夸克极重时,K介子直接CP
破坏连零都变成可能。若然,则小
林-益川模型将无法与超弱模型区
分。温斯坦的实验变成了超精密实
验,一直到1999年才确定量到K介
子直接CP破坏,否证了超弱模型,
但与1964年费奇与克柔宁间接CP
破坏强度相比也只有2‰,因此是
一个小到只有百万分之一[①]的不对
称性。当时的实验发言人之一——
熊怡教授,于2003年返母校台湾大
学任教。

---

① 因为对K介子直接CP破坏的物理解释牵涉到复杂的强作用,因此实验家执
　着的测量刺激了量子色动力学场论学家与计算机仿真计算结合,发展出了所
　谓"晶格场论"对弱作用物理过程的应用。

每产生一颗 Υ（4S）介子，便可研究一对 B 介子的衰变。到 1980 年代初，斯坦福 PEP 正负电子对撞机的实验发现了 b 夸克衰变到 c 夸克比从 K 介子推演所预期的慢了约 20 多倍，而康奈尔的 CLEO 实验则发现 b 夸克衰变到 u 夸克慢更多！ B 介子生命期拉长的结果，使人们对稀有 B 介子衰变开始感到兴趣。到了 1987 年，与 CLEO 竞争的德国 ARGUS 实验发现了比预想大甚多的所谓 B^0 与反 B^0 介子混合现象，混合系数与 K 介子系统不相上下，旋即为 CLEO 证实。因为混合系数正比于顶夸克质量的平方，这个实验发现预告了 t 夸克比 b 夸克重许多。而大的 B^0 介子混合，则大大提升了人们在 B 介子系统探讨 CP 破坏的兴趣，因为物理学家现在可以直捣核心：检验小林–益川机制，量测小林–益川 CP 破坏相角。

早在 1979 年，当人们对 B^0 介子混合系数的大小还没有什么期待时，三田一郎（Anthony Ichiro Sanda，1944 年生）及毕基（Ikaros Bigi，1947 年生）便提出漂亮的方法，可经由 B^0 介子混合与衰变来清楚量测小林–益川的 CP 破坏相角，不会受强子效应的干扰。但这个想法原本多少只是概念的提出，因为很多先决条件必须要满足，其中最重要的条件便是 B^0 介子混合要先量到。若以 1980 年左右的预期来看，要实验测量到 B 介子系统的 CP 破坏似乎是颇遥远的事。但 ARGUS 实验发现了比预想大很多的 B^0 介子混合，振奋了人们的希望。不久之后，欧当内（Piermaria Oddone，1944 年生）提出非对称对撞的想法，也就是以不同能量的正负电子束来对撞，使产生的 Υ（4S）质心系往电子方向运动，Υ（4S）衰变成的 B-反 B 介子对也同方向运动，正好可发挥在1980年代已开发的"硅顶点侦测器"，侦测B与反B介子的衰变位置差异……好了，让我们不要再叙述技术细节，只说到了1989年，原本已建有较大的正负电子对撞机的斯坦福SLAC实验室与日本筑波KEK实验室，都分别推动研发，发展所谓的"B介子工厂"，也就是借量产Υ（4S）介子，盼望用三田与毕基的方法直接测量小林–益川三代夸克CP破坏相角！KEK实验室甚至聘请小林来管理粒子物理实验，要拿诺贝尔奖的企图明显。

　　到了1990年代中期，日本的KEKB加速器与美国的PEP-II加速器，以及伴随的Belle与BaBar实验都已在积极兴建，而台湾则在1994年组成团队，加入Belle实验。Belle在法文是美女的意思，而BaBar则是法国漫画中的一只大象，所以这好比"美女与野兽"的竞赛，因为b夸克又叫"底"（bottom）夸克，又被称作"美"（beauty）夸克。KEKB与PEP-II都在1999年成功启动运转，数据快速累积，到2001年夏天，两个实验合起来的结果，就已确定量到B介子系统的CP破坏，并且证实与小林–益川模型相符，是粒子物理标准模型的又一大胜利。虽然K介子直接CP破坏在1999年已先量到，因此伍尔奋斯坦的超弱模型已被否证，但K介子直接CP破坏现象有很大的强子效应干扰，因此无法确证标准模型的小林–益川机制，可见B介子工厂的测量更具影响力。有趣的是，B介子工厂在2004年就测量到了$B^0 \to K^+\pi^-$衰变的直接CP破坏，和2001年间接CP破坏的测量只隔了3年。这和K介子系统相比，自1964年人类首次发现（间接）CP破坏，要隔了35年才量到

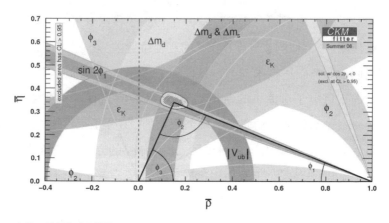

小林－益川相角测量图

图中的黑浅三角形即是所谓的"KM三角形"，ϕ_1角就是小林－益川的CP破坏相角，而Belle
与Ba-Bar实验所量的物理量是图中自左上到右下、以$\sin 2\phi_1$标出的细长角锥。是这个关键测
量，得出以斜浅描出的椭圆交会区域，确证得以形成三角形的顶角，使小林与益川荣获诺贝
尔奖。这个图可以说界于科学与艺术之间，有可能被现代美术馆（MOMA）典藏！（图片来
源：http://en.wikipedia.org/wiki/File:LHC.svg。）

直接CP破坏，凸显了B介子工厂的效能。B介子直接CP破坏
的测量，在Belle实验主要是由张宝棣教授带领当时还是博士
研究生的赵元完成。而台湾团队在Belle实验则有超乎人数比
例的表现，奠立了台湾大学高能实验室的基础。

小林自承不足与三代夸克雅思考格不变量

让我们引用小林在2008年领奖致词讲稿中的几句话：

B工厂的结果显示夸克混合是CP破坏的主要来源；

> B工厂的结果容许来自新物理的额外CP破坏来源；
> 宇宙物质当道似乎要求新的CP破坏来源。

在最后这一句，小林自己承认他与益川的CP破坏不足以"通天"，也就是不足以满足沙卡洛夫三条件中CP破坏的强度。但这又是什么意思呢？

在不引入太多技术细节的情况下，容我们略作口语地说明。小林的第一句话是说，到目前为止，CP破坏仅在他与益川所提的三代夸克混合观测到，以两人姓氏的英文缩写称为KM机制。KM机制的前提当然是所谓的KM相角ϕ_1不为零（$e^{i\phi_1}$为复数），但更精确地说，是要所谓的"KM三角形"的面积A不为零。我们在上面的KM三角形测量图里，可清楚看到这个三角形面积的确不为零。然而，在KM的机制里还有一个微妙处，就是所有电荷相同的夸克其质量不能有任何一对相同。这是因为一旦有两颗电荷相同的夸克，譬如说d及s夸克，其质量相同，则可得到一个新的相位角自由度，可以把KM的CP破坏相角"吸收"掉，不再进入物理过程。等效地说，若d与s夸克质量相同，则我们又回到二代、即四颗夸克的情形，是没有CP破坏的。所幸，电荷+2/3的u、c、t夸克以及−1/3的d、s、b夸克，质量的确都不同。事实上，我们在第三章看到，所有的六颗夸克的质量都是不同的。

我们把KM夸克混和CP破坏存在的先决条件在上面以黑体标示出来。这两个口诀，到了1985年，瑞典女物理学家雅思考格（Cecilia Jarlskog，1941年生）利用代数方法自夸克混

和机制抽离出小林-益川CP破坏正比于

$$J=(m_t^2-m_u^2)(m_t^2-m_c^2)(m_c^2-m_u^2)(m_b^2-m_d^2)(m_b^2-m_s^2)(m_s^2-m_d^2)A$$

的简明公式。这里A是KM三角形的面积，而J还正比于所有的两两电荷相同夸克的质量平方差。也就是说，无论是A为零或任何一对电荷相同的夸克质量相同，J便消失。这个J被称作小林-益川CP破坏的雅思考格不变量（Jarlskog Invariant）。我们看到，小林-益川CP破坏的口诀被巧妙地融汇在雅思考格不变量J里面：J为零，小林-益川CP破坏就消失。

我们所引述小林的第一句话，反映到目前实验上量到A不为零，而我们原本也确实知道没有任何两颗夸克质量是相同的：夸克混合CP破坏的确是我们目前实验已知的CP破坏来源。但有了雅思考格不变量J的协助，我们可以把小林的最后一句话，"宇宙物质当道似乎要求新的CP破坏来源"，加以量化：J似乎缩小到至多是原来的百亿分之一（10^{-10}）！也就是说，用已测量到的J，算出来的BAU（宇宙重子不对称性）只有约10^{-20}，远小于宇宙学上已知的约10^{-9}。

B工厂在1990年代如火如荼地推动，启动运转以后很快地验证了小林-益川CP破坏机制，看似标准模型的重大胜利，成就不凡。然而，认真努力的实验家（如笔者），工作之余总有个印象，也就是就算验证了小林-益川模型，我们在标准模型夸克混合机制里所蕴藏的CP破坏，离要解释宇宙反物质消失所需的还差了十万八千里。小林得了大奖，却仍隐晦地说"宇宙物质当道似乎要求新的CP破坏来源"，而这个新的CP破坏来源要比我们目前在B工厂实验室里所测到的大上百亿倍，令"B工厂的黑手们"自觉有如贴地爬行的蝼蚁，离宇宙之大太遥远了！

四代魔法——千兆倍的CP破坏

大约在2007年的暑假，有一天笔者灵机一动，在纸上笔画两下，做了一个小小的验算……让我将所得到的这个惊异与你分享。

因为种种原因，我当时迷上了我的一个老题材：四代夸克。不知为什么，那一天我想到了雅思考格不变量。我自1986年起就开始从事四代夸克的相关研究，而雅思考格于1985年提出她的不变量时，我也惊讶于它的妙处。但不知为什么，我从来没有把这两件事情连在一起：四代夸克与雅思考格不变量。而看来接下来我所做的联结，似乎从来也没有人清楚做过，至少没有清楚数值化。当时我问自己：如果把上面一－二－三代的三代夸克雅思考格不变量做一个代的平移，也就是一－二－三换成二－三－四代，那么原先的J就变成

$$J_{234} = (m_{t'}^2 - m_c^2)(m_{t'}^2 - m_t^2)(m_t^2 - m_c^2)(m_{b'}^2 - m_s^2)(m_{b'}^2 - m_b^2)(m_b^2 - m_s^2) A_{234}$$

2007年时已知四代t'与b'夸克大约重过250 GeV/c²（因为还没找到），如果假设A_{234}与三代已知的A相去不远，则将质量数值代入，就会发现J_{234}与J相比，上跳了千兆倍；你没看错，有千兆倍（10^{15}）。这是因为原来的$m_c^2 m_b^2 m_s^2$替换成了

$m_t^2 m_b^4$，而第四代夸克比第二代以及第三代b夸克的质量大太多了。如今在大强子对撞机LHC（Large Hadron Collider）仍未发现四代夸克，其质量当在700 GeV/c² 以上，与2007年相比 $m_t^2 m_b^4$ 又调高了约500倍，J_{234} 与 J 相比，整体增强了 10^{17} 倍以上。那么，这与前述百亿倍的落差比，是不是过头了呢？大概不至于，因为实际的过程是在宇宙还"沸腾"起泡（偏离热平衡）时，在隔离有如液态与汽态的两个不同相的"汽泡"接口所发生的复杂弱作用散射过程——将产生的额外物质累积到膨胀中的"汽泡"内部。这样的散射过程，牵涉到弱作用常数的高次方，因此夸克混合机制所提供的CP破坏，要远大于百亿倍乃是自然的。

看来四代夸克CP破坏不但足够满足沙卡洛夫条件，还有找呢！这么强的一个机制，大自然会用它吧？事实上，这个想法正是我在伤脑筋撰写Belle实验投递到《自然》期刊的论文的时候，窜入我脑海。似乎正是因为我换上了一个不同的脑袋，思考如何向生物背景的人——*Nature* 的主体读者群——解释为何在B介子工厂测量B介子衰变的直接CP破坏是十分重要的，因为上达宇宙与物质起源……

看见了千兆倍的跳跃，当时我还耽延了一阵，想要解释另一个沙卡洛夫条件，也就是相变问题，但未能成功，因此决定先行发表这个关于从一–二–三换成二–三–四造成的雅思考格不变量的巨大变化。照习惯将文章先公布在arXiv在线档案库时，老天爷似乎给了一个好兆头。我是2008年3月在上阿尔卑斯山开会前，在苏黎世的旅馆上传到arXiv在线，得到的论文编号竟然是0803.1234。0803当然望文生义，但我看到".1234"，就不免笑出声来，因为上苍真是太赏光了！文章之后当然投递到高档期刊，但或许是内容太简单了吧？！在折腾一年之后，到2009年初，我决定利用物理学会会士的身份，将文章以不须审稿的方式投到物理学会的《物理学刊》，（*Chinese Journal of Physics*，CJP）。文章刊出时又得了一个好兆头：页数是134。无论是2008年3月的1234号arXiv文件，还是登在《物理学刊》2009年第47期的134页，上苍的恩宠，在英文叫作Providence，即神的眷顾。我一方面感伤于外在的屈辱，一方面知道虽投在CJP，却一定会得到很好的引用的，因为"四代夸克通天"太迷人了。果不其然，一年后《物理学刊》就颁给我高引用"优良论文奖"。

但这里还有一个问题。前面"汽泡"的比方，便是关于"偏离热平衡"的沙卡洛夫第三条件。然而，要有沸腾汽泡般的相变化，需要的是像水一样有潜热释放的所谓一阶相变，但详细考虑电弱作用从对称到对称性自发破坏的相变，需要极轻的希格斯玻色子方能达成。以2012年所发现的希格斯玻色子（下一章）而言，其相变与前几章所提的QCD类似，属于"水过无痕"的那种，并不会出现"沸腾"现象。这是当初投递论文时遭到质问的问题之一。但以实验家的角度，从当年测量与检验小林-益川CP破坏机制，心中自觉如爬行地上的蝼蚁、离宇宙太遥远了的那种感觉，如今能以简单几行连实验家都能做的检验，一飞冲天，心情有如飞上高天的"飞蚁"（但眼睛要改变！），自言："这一切都能从我的观察点来理解吗？"这种感觉太好了。

还有相变问题呢……Umm，一次面对一个问题就好。

费米子"味道"研究之路　我们在第三章提到重味物理，因为人们通称费米子"代"重复出现相关的物理为费米子"味道"物理，而目前为止的 CP 破坏现象，也涵盖在里面。我个人的研究，主要就在费米子味道与 CP 破坏。

记得在 1986 年暑假，我首次参加国际高能物理大会 ICHEP，当年是在伯克利举行。我攻读博士时的小老板索尼（Armarjit Soni）教授找到我说："George，B 介子的实验发展已趋成熟，我们来做一些题目吧！"接着说他来探讨第四代夸克的效应。我当下回应说："四代夸克？太没想象力了吧！"这主要反映我当时少年气盛，想做升天入地的新物理，因为当时正值"超弦一次革命"的余续，而 1985 年我自 UCLA 毕业赴匹兹堡，也"拼超弦"拼了半年……但我乖乖地做下去，出了好几篇的所谓 PRL 论文。我自觉得到的 B 物理真正启蒙，则是在这个研究过程中发现所谓的"Z 企鹅图"引发的 b→sℓ⁺ℓ⁻（ℓ 为 e 轻子或 μ 轻子）衰变，震幅有顶夸克质量的平方关联，因此在顶夸克质量够大时，可以被迅速增强。这是在 1987 年 ARGUS 实验宣布发现大的 B 介子混合之前，人们还普遍认为顶夸克质量不会超过 30 GeV/c²。而因为四代夸克 t' 必定比顶夸克 t 重，因此其影响有可能更显著，增强了我对四代夸克的兴趣，并提出配合未来实验进展的四代夸克混合矩阵最佳参数化的建议。

四代夸克与轻子国际研讨会于 1987 年 2 月 26 日到 28 日在 UCLA 举行，会中 ARGUS 实验宣布[①]了大的 B 介子混合实验结果，造成轰动。然而，当时我对也有顶夸克质量平方关联的 B 介子混合现象只有一知半解，可是因为在同一时间刚好观测到称为 SN1987A 的超新星爆炸，让我留下深刻印象。SN1987A 的超新星爆炸，除了光学影像外，人类竟然从地底观测到了超新星微中子（2002 年获颁诺贝尔奖），十分神奇。也是在 UCLA 的研讨会中，欧当内受了 ARGUS 发现的刺激，提出了正负电子非对称对撞的想法（当时我还十分懵懂），开启了"B 介子工厂"之路，后来竟然影响了我的学术生涯以及返台。

1987 年暑假我将离开匹兹堡赴慕尼黑之际，我对合作者魏立（Raymond Willey）教授说，我看到一篇讨论双希格斯偶对模型[②]对 b→sℓ⁺ℓ⁻ 以及类似衰变影响的论文，我们也探讨一下。没想到因此发现前文的错误：第二个希格斯偶对的存在，对量子

效应引发的 b→s 衰变过程、特别是 b→sγ 及 b→sg 衰变（γ 及 g "企鹅图"），有很大的影响，

---

①　ARGUS 实验在 1987 年 2 月 24 日已在 DESY 宣布结果，日期与 SN1987A 发现的日期相同。

②　标准模型只需要一个希格斯偶对场，我们在下章将讨论。但若自然界存在一个，实在没有什么理由没有第二个偶对，就像费米子"代"的重复出现一样。

而在超对称（supersymmetry）型双希格斯偶对模型，永远造成增强效应。我在慕尼黑的马普研究院（Max-Planck-Institut，MPI）的海森堡研究所，以及之后转赴瑞士苏黎世附近的保罗·谢尔研究院，除了 b→sg 衰变之外，又探讨了双希格斯偶对模型对 b→cτν 衰变的影响，1992 年回台后提出双希格斯偶对模型可将 B→τν 衰变增强到当时的实验上限值。1988 年发表的 b→s 工作，在 1990 年代实验量到后，对双希格斯偶对模型中存在的带电 H⁺ 玻色子质量提供到目前为止的最佳下限值。而 1993 年以单一作者发表的 B→τν 工作，在 2006 年 Belle 实验首次量到后，迅即变成个人最佳引用论文，且成为二代 Belle II 实验的一大追求目标。

至于 CP 破坏，我在研究生时就做过模型研究，但说实在，有一点"通了六窍"，还在学习阶段。是在我完整研究了 g 企鹅图所引发的 b→sq-反q 衰变之后，在 MPI 时决定研究 B 介子强子衰变的直接①CP 破坏，包括 $B^0 \to K^+\pi^-$。因为研究概括性 b→sq-反q 衰变的 CP 破坏，还指出当时大家惯用的数值计算违反 CPT 定理与其他公理，造成了一定的轰动。因此，我从 B 介子的稀有衰变，研究领域真正拓展到 CP 破坏，但以直接 CP 破坏为主，并未真正涉猎三田与毕基的借间接 CP 破坏测量小林－益川 CP 破坏相角的方法。虽可说是我的专攻，不如说是不够用功或划地自限，这也许也反映了自我的格局。

我 1989 年到瑞士的 PSI，是因为 PSI 当时打算兴建接续 CLEO/ARGUS 实验的 B 介子研究设施，因此他们找我去任所谓的"五年任期研究员"（对等于助理教授）一职。可惜德国北部以 ARGUS 为主的人不支持，瑞士内部也有人搅局，在我上任后两个礼拜，计划被取消了！我的学术生涯就此扭转，开始考虑回台。其实 PSI 的 B 介子计划被搁置，更深层的原因是欧当内提出的非对称正负电子对撞建议，吸引了 SLAC 及 KEK 的注意。这两个大型实验室分别有原本领一时风骚的正负电子对撞机（寻找顶夸克），但已被 CERN 的 LEP 对撞机凌驾，因此面临存亡废续的问题，更何况日方锁定小林－益川 CP 破坏机制，有获诺贝尔奖潜力。相对地说，PSI 的设计，受场地与经费的限制（与康奈尔类似），无法达到足够的非对称对撞，因此评比之下，渐失吸引力。所以说，欧当内福至心灵的建议，影响了我的人生轨迹，促使我在 1992 年返母校任教。但是，也正因回到东亚的立足点，部分也是因为台大自从原子核实验室退位后，始终没有接续的高能粒子物理实验室，再加上一些因缘际会，我在 1994 年初提出先导行实验计划，通过后不久决定就近加入日本 KEK 的"B 介子工厂"计划。我不是理论家吗？其实，我当初的想法是促成在台大聘人，做个"催化"出高能实验室的工作。当时使命感的催促，真的是不做不行。没想到聘人的事情先盛后衰，赶鸭子上架，竟然把我"逼"成了台大高能实验室的创建者。想不到，这也带出了这一章以及下一章所描述的个人尖端理论研究。

1990 年代，台湾因缘际会地汇集了不少做稀有 B 衰变与 CP 破坏的理论家，特别是直接 CP

---

① B 介子的直接 CP 破坏，最早是由索尼教授在 1979 年提出的，影响了三田教授的研究。

破坏方面。我在1997年被Belle实验指派为"稀有衰变"物理召集人，并在我的敦促下，与"直接CP破坏"物理组合而为一，发展了双召集人模式。1999年KEKB将运转，台大聘入张宝棣教授加强物理分析（更早聘入的王名儒教授尚需负侦测器硬件责任）。到2004年张宝棣带领博士生赵元找到了$B^0 \to K^+\pi^-$直接CP破坏的证据，与BaBar的类似证据合在一起，B工厂宣告发现了B介子系统的直接CP破坏，在本文里已讨论。但2004年的当时，我们还注意到类似的带电$B^+ \to K^+\pi^-$衰变，其直接CP破坏与中性$B^0 \to K^+\pi^-$不同，连符号看来都相反，违反直观。我当时就指出这可以出自"Z企鹅图"的新物理效应，找到适当的文章在2004年的Belle实验PRL论文里引用。这个"$B \to K\pi$直接CP破坏差异"，到2005年增加数据后更加显著。而在熊怡教授的建议下，Belle实验原本希望以条理清晰易懂的$B^0 \to K^+\pi^-$直接CP破坏"单一实验"的发现级测量，投递《自然》期刊。没想到因为试图收纳直接CP破坏差异的延宕，BaBar实验已将$B^0 \to K^+\pi^-$的更新结果先行发表在PRL。因此Belle实验于2007年将论文投递到《自然》时，期刊编辑礼貌性地问："卖点在哪里？"使Belle回到被动，被迫将诉求从单纯的$B^0 \to K^+\pi^-$直接CP破坏发现，转而在直接CP破坏差异可能是新物理的征兆方面作文章（我因此成为主要执笔之一）。

就是在2007年暑假思索如何撰写Belle的《自然》论文时，我的脑筋一转，发现了四代夸克的CP破坏量较三代暴涨千兆倍[①]以上。我写这么多的个人研究历程，也是为了将走到这一步的来龙去脉对读者作一定的交代。笔者于2010年2月邀请小林先生访台，其中有一场在台大的演讲，演讲后有学生问小林先生对四代夸克的意见，小林先生一本正经地认为没有第四代，并认为被看好的是超对称，基本上就是宣示主流派意见。我作为主持人，不便表示各人意见。其实2010年到2011年，四代夸克变成了"微"热门，一方面是因为可以通天的CP破坏放大，另一方面是因为还真的有一些CP破坏实验征兆。可惜2011—2012的LHC数据，既没发现超对称，也没找到四代夸克，一点新物理的征兆都没有，原有的CP破坏新物理征兆也全都被"消灭"了。更有甚者，所发现的126 GeV/c^{2}新粒子普遍被认为就是是希格斯玻色子，如此一来，四代夸克是间接被证否的。但这就把我们带入第六章的讨论了。

---

① 　其实雅思考格也参加了1987年在UCLA举办的四代夸克盛会，报告她的不变量。我在这个会中，还听到她亲口说，她不喜欢四代夸克，主要是因为她的不变量将失去只有三代夸克时的唯一性。

六 神／谴之粒子？

——特重夸克凝结……

2012年7月4日是个大日子，不是因为纪念美国独立二百三十六周年，而是欧洲核子研究中心CERN的大强子对撞机LHC的ATLAS与CMS实验宣布，找了近50年的希格斯玻色子——神之粒子——被发现了！为何希格斯玻色子被称为神之粒子？因为它提供了光子、胶子（以及可能微中子）之外所有基本粒子的质量，因此碰触到另一个重大起源问题——质量之源。这又是一个看似不着边际的问题，而它为什么与我们的夸克论题有关？因为夸克质量也是来自希格斯玻色子！

在前一章我们说到“四代夸克似乎通天”。但所发现的希格斯玻色子符合三代标准模型预期，却与四代夸克有重大矛盾。可是希格斯玻色子，作为人类首次发现的“基本纯量粒子”，本身带入许多问题。在这一章我们要另辟蹊径，讨论特重，即四代夸克的存在所引发的夸克–反夸克“凝结”，可以是电弱对称性破坏的源头，亦即可以取代希格斯玻色子的功能。那么所发现的粒子是什么呢？将会是有如天方夜谭般奇幻的"伸展子",但并非不可能在数年后被实验验证,届时将会提升发现的层级。就算实验仍然确证希格斯玻色子而排除伸展子,我们的讨论也是引人入胜的奇幻经历,让人可以一窥研究,特别是高风险、高报酬研究的堂奥。若特重夸克凝结本身是质量之源,那么它与宇宙起源的关联就真的深刻了。

神之粒子：质量之源

　　"电子的质量从哪里来？"这个问题似乎又是问得有些不着边际，一般中式脑袋多半会不假思索地反问："电子的质量不就是电子的质量么？"你也不用泄气，因为若将这个问题拿来问物理系学生甚至硕士研究生，包括多数博士生，多半也是雾煞煞、脑筋一片空白。那我们把问题转一下，"原子核的质量从哪来？"，则答案很简单：从原子核里面的质子、中子而来（减掉少许束缚能）。可还记得卢瑟福的贡献？那再往下追问："质子与中子的质量从哪里来？"则粒子物理学家会自豪地告诉你：差不多都是从量子色动力学QCD（第二章）的交互作用能量而来。Hmm，你开始反问："为什么说差不多呢？"大哉问，因为核子（即质子与中子）有一小部分的质量，亦即不到2%，是来自u与d夸克。好，你现在有一点进入状况了，因为你开始好奇地问："那夸克的质量从哪里来？"这个问题与我们一开始提问的"电子质量从哪里来？"位于同等地位，目前粒子物理标准模型的标准答案是：从与希格斯场（Higgs field）的作用而来。让我们来进一步说明人类在认知上又一桩重大成就。

　　前页的附图，突显出希格斯玻色子H在基本粒子质量问题的核心位置：它提供了夸克（quark，q）、带电轻子（charged lepton，ℓ）以及W与Z"向量玻色子"（vector boson，V）的质量，在图中我们用虚线框起来。没有框起来的，在图右有和W和Z同为作用子（传递作用力，force）的光子γ与胶子g，

以及图下的微中子 ν。微中子为不带电荷的中性轻子，质量非常轻但又确实不为零，目前我们不确定它们的质量是单纯地从希格斯玻色子而来，还是恐怕有标准模型以外的机制，在本书里不多做讨论。光子 γ 传递量子电动力学 QED 的电磁作用力，是我们熟悉的。不少人知道，以"光"速前进的粒子是不能有质量的，因为若有质量，我们就可以追上它的质心系统。但相对论的根基是光速的恒定，不因坐标系而变，所以光子没有质量！胶子 g 则传递 QCD 的基本强作用力，与光子一样是没有质量的。但 QCD 是非阿式 $SU_C(3)$ 规范场论（C 代表"色"荷），与量子电动力学的 $U_Q(1)$ 表现很不一样（Q 代表电荷），譬如说把 u 与 d 夸克束缚在质子（uud）与中子（udd）里面，导致第二章所讨论的复杂又难懂的强子现象。

1960 年代所发展出的格拉肖 – 温伯格 – 萨拉姆电弱统一场论，将传递电磁作用力的光子 γ 与传递弱作用力的 W 与 Z 玻色子结合起来，也就是无质量的光子和质量达质子百倍的 W 与 Z 玻色子，竟然是如同胞兄弟般的关联！这个神奇的联结，是经由我们在第二章所略微提到南部所提的"对称性自发破坏"（Spontaneous Symmetry Breaking，SSB）机制：在原有的 $SU(2) \times U(1)$ 电弱规范对称性之下，所有的规范粒子应当都像光子是无质量的，但因希格斯场引发的 SSB，使 W 与 Z 变得很重，剩下一个未被自发破坏的 $U_Q(1)$ 对称性，便是所谓的电动力学，其规范粒子是无质量的光子。借 SSB 使得规范玻色子获得质量的机制，现在称为 Brout-Englert-Higgs 或 BEH 机制（俗称希格斯机制），为 2013 年的诺贝尔奖获奖项目。我们在这里不详细讲解这个机制，而把对它的讨论，收在附录二里。其重点是，它解释了电弱统一理论为何会有很重的 W 与 Z 玻色子，而光子 γ（以及胶子 g）却没有质量。人类能完全解开十九世纪末所发现的放射性衰变的本质，实在不简单。而这个理论架构，竟同时提供了基本带电费米子的质量产生，不可不谓神奇。神奇的背后，则是神秘的质量之源希格斯玻色子 H，是由前述的希格斯提出的，比他早一点提出 BEH 机制的布劳特与恩格勒的论文并未清楚提到。

粒子物理标准模型在 J/ψ 介子发现后不久便完全底定：$SU_C(3) \times SU(2) \times U(1)$ 的作用力借对称性自发破坏到 $SU_C(3) \times U_Q(1)$，W 与 Z 玻色子以及夸克 q 与带电轻子 ℓ 均获得质量，而 SSB 留下神秘的质量之源——希格斯玻色子 H 为印记。到了 1970 年代末期，人们对 H 粒子存在的真实性认真起来，实验家开始着手搜寻。困难的是，标准模型并未预测希格斯玻色子的质量 m_H，从极微小一直到质子质量的千倍都可以，而 H 粒子的性质却与它的质量息息相关，因此十分难搞，非常难找。在欧洲核子研究中心 CERN 的实验于 1983 年发现 W 与 Z 玻色子后，美国意识到粒子物理主导权的危机，在 1984 年鲁比亚（Carlo Rubbia，1934 年生）与范德梅尔（Simon van der Meer，1925—2011）获得诺贝尔奖的同年发动建造超导超能对撞机 SSC，主要目标就是要发现希格斯玻色子，确证 BEH 机制。然而，随着冷战时代的结束，美国国会却在 1993 年秋否决了这个已在德州建造中的计划，以致功败垂成。虽然全世界各个大型加速器纷纷搜寻希格斯玻色子，但都没找到。最后还是由 CERN 在 1994 年通过的大强子对撞机 LHC，于 2008 年启动运转后，在 2012 年 7 月 4 日宣布发现了众里寻它千百度的希格斯玻色子，其质量在 126 GeV/c^2 附近，为近半个世纪的人类史诗冲上高点。而恩格勒与希格斯在一年多之后便同获 2013 年诺贝尔奖，可惜布劳特已在 2011 年过世。

大科学

2012 年底《科学》期刊的封面标题将希格斯玻色子的发现称为"年度突破"，美国时代杂志更以发现希格斯玻色子的两个实验之一，ATLAS 实验的女发言人贾娜蒂（Fabiola Gianotti，1962 年生）为 2012 年五大风云人物之一。因此，不论是科学界或一般媒体，希格斯玻色子 H 的发现都被认定为最高层级的成就。因此 2013 年的诺贝尔奖，在物理奖中相对而言是比较大的，而背后，则是"大科学"。

从 1950 年代发现反质子的 Bevatron，到 1970 年代发现 J/ψ 的 AGS 与 SPEAR 加速器已开始大型化。CERN 在 1980 年代兴建的大型电子–正子对撞机 LEP（Large Electron-Positron Collider），周长达 27 千米，深埋日内瓦北边侏罗山前地底 100 米，目的是精确测量 Z 玻色子的性质（中心能量约 91 GeV）、成对产生 WW（中心能量达 209 GeV）以研究 W 玻色子的性质以及搜寻希格斯玻色子 H。你会问："既然有 200 多 GeV 的中心能量，为何没有办法发现 126 GeV/c^2 质量的希格斯玻色子？”这是因为产生过程是 $e^+e^- \rightarrow ZH$，要伴随产生一个重约91.2 GeV/c^2 的 Z 玻色子，因此虽经四个大型实验的努力，也只能宣称 m_H 不能低于 114 GeV/c^2。事实上，在 LEP 运转快要结束时，出现了希格斯玻色子或许在 115 GeV/c^2 附近的征兆，令人兴奋一时，LEP 还为此多运转了几个月。可惜可信度[①]并没有改善，因此 CERN 毅然决然终止 LEP 的运转，将其拆除，开始在 27 千米长的 LEP 隧道中兴建史无前例的浩大工程：大强子对撞机 LHC，整个计划总造价近百亿美金，还不含人员薪水。

　　LHC 用超导磁铁来将质子束控制在精确的轨道上，轨道位于 27 千米长全世界最大的真空腔里。它又是全世界最大的超低温装置，因为超导磁铁的运转需要将液态氦维持在绝对温度 1.9K（即零下 271.3℃），一共需要近百吨的氦气。这整个仪器，不但浩大，还又要能十分精细地操控（满载的质子束携带的能量接近 200 千克黄色炸药的威力，打到哪里都是不得了的），因此这个工程是很大的挑战。LHC 计划的成功，证明了 CERN 自 1954 年成立以来运作模式的成功多国协约、法人化运作、以最佳科学为标的以及长期累积的设备与经验。即便如此，在 2008 年 9 月 LHC 成功操控质子束之后，却在启动两个反向运行的质子束对撞时，发生重大意外：因某个超导线路衔接的失误造成短路，打穿了液态氦容器，释出的约 6 吨氦气化时爆发性的

---

① 更正确的统计名称为"显著度"（significance）。

威力损坏了约50个超导磁铁（约LHC超导磁铁数的1/30），甚至造成移位。这个意外，导致了LHC的时程延宕了14个月！而2009年重新运转时，CERN也谨慎地将对撞能量从14 TeV的设计值调降到7 TeV，在运转出信心后，到2012年才调升为8 TeV。这是因为超导磁铁量产流程的品管出了问题，需要长时间一一检验与修复，修复前不宜将电流开到最大，以降低风险。我们写这些，一方面给读者真实感，也是让大家知道这样的超大型计划可说是对全人类的挑战。我们常提到沉思者，但也不能忘记人类是工具制造者与用户。手脑并用是人类一大特征，而从错误中学习，是人类个体与全体成长之路。

　　LHC加速器是希格斯玻色子的产生工具，但产生了希格斯玻色子，要把它从数不清的背景事件中筛选出来，则要超级精密的大型侦测器大科学；与加速器相比，不惶多让。怎么说呢？我们列出ATLAS与CMS实验各一张（部分）侦测器照片。台湾大学与"中央大学"参加的CMS实验，全名是Compact Muon Solenoid，或"紧致渺子螺管"。但，紧致？！这个装置，重达12,500吨，长25米、高15米，由42国、180多个单位、超过3000人的大型国际团队建造完成，是个全球性的国际合作计划。它有约8000万个电子读出道，可以看成是一个超大型的"相机"或"电眼"，设计来捕捉质子与质子对撞时撞出来无数碎片的粒子轨迹。侦测器照片是沿着质子束的轴拍摄的，其核心主体位在一个直径6米、13米长的超导螺管线圈磁铁里，磁铁提供4 Tesla（约地磁的10万倍）磁场用以测量带电粒子的轨迹。磁铁的外面，便是外圈显著的、呈16

面结构的渺子侦测器，其中数圈红色部分（即最外圈）是让磁力线回流的铁，金属色部分则是侦测装置。好了，你现在可回想，这个圆柱形从内到外一层层的侦测器，不正是当年发现ψ与ι的Mark I侦测器（第三章）的后裔吗？

伴随CMS实验的，是"中央研究院"所参加的ATLAS实验，全名是A Toroidal LHC ApparatuS，或"环场LHC装置"。虽然体积更大，长有45米、高25米，是CMS体积的五倍，但"只有"7000吨重，略超过CMS的一半，参与的国家与人数则与CMS类似。像塞子的东西，是"端盖"环状磁铁，顺着端盖往里看，则是ATLAS的内层探侧器，位在一个约6米长、2米多高的柱形螺管线圈里，但磁场只有2 Tesla，比CMS弱。然而ATLAS侦测器最大的特征则是图中如章鱼爪般的结构，没错，共8个的"外筒环状磁铁"。每个环状磁铁沿着ATLAS侦测器外层有26米长，非常巨大，基本上让侦测器的筒状外层有环绕着中轴的磁场，因此叫环状[①]磁铁，基本上覆盖着渺子侦测器。除了磁场比较复杂，ATLAS的电磁量能器，亦即量测电子、正子及光子能量的侦测器，与CMS使用的铅钨氧化物晶体侦测组件不同，使用的是液态氩间隔以铅片，因此有纵向采样功能。

总而言之，这样大而复杂、有无数读出道的侦测器，与1970年代之前的侦测器比，甚至于与前一章B介子工厂的侦测器比，其困难度可想而知，难怪需要数千人的精英团队、

---

① 如甜甜圈的 torus 一般，因此称为 "toroidal"。

经过十多年的设计与建造方能完成。是人类这样的壮举，才能终于从数量惊人的背景事例中，挖掘出期待已久的希格斯玻色子。

除了加速器与侦测器，ATLAS与CMS实验的数据量也是史无前例的，因此发展出了所谓的Grid网格计算。台湾提供全亚洲唯一的所谓Tier-1网格计算中心。可惜因为经费问题，"中央研究院"决定自2014年中起，不再提供CMS实验的Tier-1网格计算支持，殊为可惜。这不但对CMS是个损失，对台大与"中大"团队更是如此，也是对国家颜面的损伤。

希望抑幻灭——神谴粒子？

"神之粒子"或God Particle，望文生义，当然是跟基本粒子"质量之源"有关，但这个名称是来自1988年的诺贝尔奖得主，我们提过多次的莱德曼。莱德曼从1978年到1989年任美国费米实验室（Fermilab）的主任，颇有建树，一方面将原来的质子加速器比照CERN改建成质子–反质子对撞机Tevatron，另一方面大力推动超导超能对撞机SSC的兴建。到了1990年代初期，虽然SSC已在兴建中，但因为建造经费不断高升，陷入危机。因着苏联在1991年底[①]瓦解，美国成

① 有一个因素是所谓的第一次波湾战争于1992年2月在"100小时"内就结束，可以说部分出自美国老布什总统的矫情，却多少导致接下来美国的经济萧条，以致老布什在年底连任失败，政权自1993年由共和党转移到民主党的柯林顿。这个重大的政权转移（包括国会）、假想敌苏联在同一时间瓦解，再加上经济持续不景气，便是SSC遭终止的大环境。

为世界唯一超级强国，冷战时代超强竞赛所延续对粒子物理学家的重视与支持，开始淡化。到了危机的关键时刻，莱德曼在1993年出了一本名为"神之粒子"的通俗科普书，副标题为"如果宇宙是答案，那么问题是什么？"。目的是替SSC辩护，但无法力挽狂澜，未能阻止SSC在该年10月被美国国会终止的命运。当时SSC的地下隧道已开挖了23千米，用掉了20亿美金的经费！这突显了美式经费审核对多年期大型计划的持续性支持有重大缺陷，不如欧洲以多国协约支持经费的CERN模式稳定。

但生性诙谐的莱德曼，却就书名在书中爆料道："为何叫上帝粒子？原因有二，其一是出版商不让我们叫它'神谴粒子'（Goddamn particle，或'该死粒子'），虽然以它的坏蛋特性及造成的花费，这样称呼实不为过……"不管是否属实，还是只是俏皮话，美国正规出版商多少承袭了清教徒文化，会认为"该死"这一类的咒诅用语出现在书名不大妥当。但上帝粒子或神之粒子，因为传神所以容易搏版面，深得媒体及一般大众的青睐，却让很多物理学家——包括希格斯——感到背脊发凉。

不过莱德曼也说出了为何他本来想称希格斯玻色子为该死粒子，或稍微文雅一点地说，"神谴"粒子——希格斯玻色子太难以捉摸、太难搞、太难找、找太久了……直到2012年7月4日CERN的宣告。从1964年希格斯提出伴随BEH机制的粒子到它被找到，共经过了半个世纪，果然是个难缠的家伙。而作为质量之源，称之为神之粒子或上帝粒子还真是神来之笔呢!

我倒想利用莱德曼的本意"神谴粒子"来说明希格斯玻色子的本质问题,并带进另外一个议题。

如果说希格斯玻色子是粒子物理三十多年来所追寻的"圣杯"(Holy Grail)的话,那么我们当知道圣杯的追寻,总会有真假问题。圣杯,据说是耶稣在最后晚餐设立圣餐时所使用的酒杯,多年来有许多的穿凿附会,赋予了它许多神奇特性。让我们就完全地商业化,用电影《圣战奇兵》(*Indiana Jones and the Last Crusade*)的版本吧。在电影里,据说喝到用圣杯盛的水会有神奇的效果。结果坏人上了亲纳粹女教授的当,选择了华丽的假圣杯,但在喝下水后,非但没有得到"永生",反而迅即老化,灰飞烟灭。接下来,为了挽救被坏人射伤性命垂危的父亲,印第安纳·琼斯得面对难题:究竟哪个是真圣杯呢?他回想当年耶稣乃是在穷人之间行走,绝非炫富攀贵之辈,因此他选择了当中最不起眼的一个杯子。果然,在领受了圣杯中的水之后他父亲老琼斯立刻痊愈……

好了,究竟我们想说什么?试想若当时印第安纳·琼斯面对两个非常相像,也都不怎么起眼的圣杯,他该怎么办?生与死:哪个是"真"的?一个可救活父亲,一个却会让父亲立即殒灭。他究竟该怎么选呢?

在进一步解明我们的谜语前,容我说明一下希格斯玻色子H的特色:

·它是破天荒第一颗"基本纯量粒子"（fundamental scalar particle）！

—诺贝尔委员会已然如此宣告，但熟悉的量子电动力学与色动力学都没有；也许以后会发现带电荷或色荷的基本纯量粒子吧？

—已知的纯量粒子[①]，如氦原子或氦原子核，或至今都还未定论的纯量强子，都是束缚态；

·费米子质量产生有疑点：

不是原BEH机制的一部分，因此是偶然，还是老天奉送的红利？我们在后面说明；

·衍生重重问题，例如：

—"层阶"（hierarchy）问题；

—真空稳定性问题……

后面这些问题，对理论物理学家来说是很尖锐深刻的，但我们就不进一步解释了。

奇怪的是，虽有这许多问题，粒子物理学家却似乎已普遍接受质量126 GeV/c^2的新粒子就是希格斯玻色子H，连在事前多数持审慎保留态度的实验粒子物理学家，在2012年7月以后也多数"皈依"成为H的信徒了。这也难怪，因为126 GeV/c^2的新粒子，确实通过所谓的"鸭子测试"：

---

① 纯量粒子的自旋为零，宇称为正。

它是一只鸭子，还是只是
很像一只鸭子？

　　如果它看起来像鸭子，游泳像鸭子，叫声像鸭子，
那么它可能就是只鸭子。

目前126GeV/c^{2}新粒子，通过一切检验，看似标准模型的希格
斯玻色子H无误。难怪诺贝尔委员会在给奖之余，还语带兴奋
地说实验"验证了理论所预测的基本粒子"了。但在哥伦布发
现新大陆而他自己却还不知道时，"鸭子测试"是可以导致十
分错误的判断的！事实上，哥伦布终其一生坚信他是用新航路
到达了"印度"，这也是美洲原住民仍常被称为"印地安人"
的来由。

　　我们发现"希格斯玻色子"，不就像刚发现新大陆一般
吗？而真正的鸭子测试，只有检验DNA才算数！我们在下面
就费米子质量产生问题以及所发现的新粒子是否为基本粒子问
题略做评述，之后再讨论前面的真假圣杯隐喻。

费米子质量产生

现在，我们再进一步讨论 q/ℓ 与 W/Z 质量产生的异同。

其实，恩格勒、布劳特与希格斯当时探讨的是一个理论问题：如何将南部所提出的对称性自发破坏 SSB 引入相对论性场论架构，而不导致无质量的所谓"金石玻色子"（Goldstone boson）[1] 的出现，因为现实世界中，显然并不存在这样的金石粒子。我们不在这里做更深入的探讨，而将其收录在讨论 2013 年诺贝尔奖的附录三里。在这里我们只说明两组人都是指出，在规范场论架构下因对称性自发破坏所产生的金石粒子，乃是被对应的规范粒子"吃掉"，使规范粒子变重，成为该规范粒子的纵向偏极自由度。因此，借着交互作用，原本都应该无质量的横向偏极规范粒子与金石粒子，因后者以纵向偏极的方式共同运行，就形成了所谓的有质量而有三个偏极方向的向量玻色子。

恩格勒、布劳特与希格斯，以及其他的一些同好，脑海中当时挥之不去的是困难的强作用，因为开非阿式规范场论先河的，乃是所谓的杨－米尔斯规范场论（这里杨即杨振宁先生）。这个理论将海森堡所提出的强作用同位旋对称性提升为规范场论，但面临伴随的规范粒子应无质量却不见

---

[1]　又称南部－金石玻色子，因为南部在金石之前就已讨论了，而事实上金石是将南部的讨论做一般化的推广。

踪影的问题。但强子现象与强作用太难了，解决它的时机还未成熟，所以虽有了 BEH 机制，也没有什么进一步的发展。但到了 1967 年，温伯格将 BEH 机制应用到格拉肖[①]的 $SU(2) \times U(1)$ 电弱规范理论架构，成功解释了为何 W 与 Z 向量玻色子（通称 V）可以那么重，但光子 γ 却仍是无质量的，因为后者对应未遭 SSB 的 $U_Q(1)$ 对称性。我们在附图中看到，V 的质量 m_V 正比于规范作用常数 g 与"真空期望值"（vacuum expectation value）υ。后者不为零，才引发 SSB 现象。电弱规范场论里希格斯玻色场的真空期望值 υ 对应到约 246 GeV 的能量或等价的质量，约为质子质能的 280 倍。这是为什么 W 与 Z 有近百倍质子的质量那么重，也是为什么像 β 衰变这样的弱作用反应，在当年看起来与电磁作用如电子–质子散射是如此地不同。

所以呢，BEH 机制应用在电弱对称性自发破坏，导致 W 与 Z 变重，而希格斯所提出的伴随的"希格斯玻色子"，正是 2012 年 7 月被 ATLAS 与 CMS 实验所发现的，也是我们在前面所介绍的人类史诗。那么，费米子质量产生又是如何被认为也来自希格斯场的真空期望值 υ 呢？如图所示，费米子 f（包含 q 与 ℓ）的质量 m_f 也是正比于"汤川耦合"常数 λ_f 与真空期望值 υ，看起来与 m_V 还真有一点像。"等等！"你说，"汤川耦合？那不就是我们第二章提过的汤川所提、π 介子与核子的交互作用吗？"Umm，若你想到这些，算你认真聪明。我们这里的

---

① 温伯格与格拉肖高中与大学都是同学。

汤川耦合，是假借名称，乃是希格斯场（与π介子模拟）与费米子（与核子模拟）的交互作用，但比原来的汤川耦合更根本，因为讨论的是基本费米粒子。

这个希格斯场与费米子的交互作用是如何蹦出来的？它与W/Z质量产生形似，但似乎又与巧妙的BEH机制是两回事?！这个收纳在标准模型里的费米子质量产生机制，是聪明的温伯格在1967年同一篇文章里建构出来的。这篇文章避开了困难的强作用，只讨论轻子，但自人类发现夸克与轻子对等后，我们可以像图里一般，将q与ℓ一并讨论。试回想第四章，我们提到只有左手性的粒子参与弱作用。换一句话来说，右手性的费米子f_R与左手性的费米子f_L，它们的"弱荷"是不同的，这和不区分左右的电荷与色荷截然不同：左右对称，即宇称，在弱作用是百分之百破坏的。所以，像狄拉克电动力学理论里面联结右手性与左手性费米子的"质量"，会"赤裸地"破坏电弱对称性，因此是不允许的（也就是说，会使得电弱规范场论无法成立）。但温伯格指出，引发电弱对称性自发破坏的希格斯场，可以借"汤川耦合"自然地连结右手性与左手性费米子，耦合常数是λ_f。那么，在希格斯场因产生真空期望值υ以致引发SSB的同时，费米子的质量m_f于焉产生！原本为了解决向量玻色子质量问题的BEH机制，竟然可轻易解决费米子质量问题，似乎是一个大"红利"。

但，真是如此吗？

让我们来比较[1]一下 $m_V \sim g\upsilon$ 与 $m_f \sim \lambda_f \upsilon$。首先，g 是规范场论的作用常数，具有坚实的理论基础。规范场论从原本的电动力学蓝本出发，衍生出电弱动力学与色动力学，是人类惊人的发现，也经过实验精确的验证。每个规范对称群（gauge group）就只有一个作用常数。对比之下，基本费米子与希格斯场的汤川耦合 λ_f，虽然是标准模型所容许的，与弱规范作用常数 g 相比，有那么一点斧凿痕迹。而你如果坚持这是标准模型的精妙之处，则（u, c, t）、（d, s, b）、（e, μ, τ），共九个质量，再加上夸克混合的三个旋转角及一个 CP 破坏相角总共十三个费米子汤川耦合或质量参数，在标准模型约二十个参数里超过一半，突显出我们对汤川耦合的根本来源其实不太清楚。我们很难相信自然界会重复多次给出类似的参数，而没有什么道理（我们在第三章提过周期表的联想）。更何况从电子的 $0.511 \text{ MeV}/c^2$ 质量到顶夸克的 $173 \text{ GeV}/c^2$ 质量，九个质量涵盖了六个数量级（参考第三章末的费米子质量图）。如果说费米子质量产生是 BEH 机制的大红利，这红利也给得太"慷慨"了吧。

但费米子的汤川耦合，作为一种动力学耦合参数，其存在却又是货真价实的。我们在各种量子过程里，包括 B 与 K 介子混合和间接 CP 破坏、稀有 B 与 K 介子衰变、Z 与 W 的精密电弱效应测量，甚至最近的希格斯玻色子 H 借胶子－胶子融合产生，在确证汤川耦合 λ_f 的真实性，正如温伯格所引入的。

---

① 我们略去了 1/2 等数值系数。

神之粒子、质量之源，汤川耦合λ_f是费米子质量借真空期望值υ产生的系数。但每一个质量就有一个动力参数或作用常数？汤川耦合λ_f的根本来源，在标准模型里仍是一个待解的谜。

希格斯场的本性？

自发对称性破坏SSB的祖师爷，南部先生，并未亲临斯德哥尔摩领2008年的诺贝尔奖，但他预备了投影片讲稿，交由当年重要合作者犹那–拉希尼欧（Giovanni Jona-Lasinio，1932年生）宣读。让我们从这个讲稿中引用一些南部先生关于费米子质量产生机制与希格斯场本性的意见，希望不只是断章取义。

字里行间，南部对他自己错失了明确给出BEH机制，仍感到遗憾。他的对称性自发破坏的想法，得自所谓的超导体BCS理论的启发。BCS理论是可依材料的性质作计算的，它的根基概念乃是有些材料中的两颗电子可借"声子"（phonon）交换而形成配对。温度高时，材料中有太多杂乱的热声子扰动破坏配对，但降到足够低温，这些热扰动声子减少了，奇特的"库珀对"超流体凝结现象出现，就形成超导体。库珀对就是前述的e-e配对，两颗费米子配对成了一颗玻色子，使得原本满足鲍立不共容原理（Pauli Exclusion Principle）、绝无可能凝结的电子，居然可以发生玻色–爱因斯坦凝结（相关现象与技术已获得多次诺贝尔奖，包括朱棣文的），也就是超流体现象，而库珀对带两单位电荷，因此库珀对凝结成的超流体，便是超导体。事实上，带电的库珀对凝结，就是得出"真空期望值"（"真空"乃系统的最低能量状态），是破坏电磁对称性的。南部从场论的角度阐明这样的自发对称性破坏，与"赤裸"破坏不同，对称性仍被产生的无质量粒子，也就是后来所称的南部－金石玻色子所微妙地维持着。BCS理论获得1972年诺贝尔奖，而南部多年后获得2008年诺贝尔奖。

在阐述了他的得奖洞见以后，南部在他的投影片第17页提出了评论。首先，他说，与BCS对称性自发破坏类似的其他例子，有氦-3超流体；原子核中的核子配对；标准模型电弱部分的费米子质量产生。然后，关于最后一项，南部[①]宣称："*依我带着偏见的意见，希格斯场的本性有着其他的解释。*"让我们花一些时间来解释。

南部在这里是强调了模拟于BCS理论中库珀对的形成，以致一对费米子转换为等价的一颗玻色子。氦-3超流体，顾名思义便是氦-3发生了BEC超流体凝结。但，氦-4原子核有两颗质子与两颗中子，因此是玻色子，而因有两颗电子，所以氦-4原子果真是玻色子。氦-4是人类发现的第一个超流体。那么，电子结构不变，原子核少了一颗中子，氦-3原子是费米子，不可能做BEC凝结的啊！但氦-3超流体现象的实验发现、与模拟于BCS的理论解释，分别获得1996年与

---

① 这里的斜体字，可是南部自己用的。但他在将诺贝尔讲座写出来的文章里，这一张投影片的张力淡化掉了。

2003年诺贝尔奖。基本上，氦-3原子借范德瓦耳斯力（van der Waals force）配对，在比氦-4超导温度更低很多的温度下，氦-3原子对可以BEC凝结。而原子核中的核子配对，则解释在强大核作用下，两颗核子配对后，可以降低原子核的能量，因而帮助原子核结构的解释。这个工作，也是诺贝尔奖级的贡献。1975年的相关诺贝尔奖得奖者之一是大师波尔的儿子。

　　前面三个诺贝尔奖级物理现象的解释都是以BCS理论的库珀对凝结为师。有趣的是，南部将标准模型费米子质量产生归为同类。这是什么意思呢？更何况他还撂下一句挑战"希格斯场的本性"的话。当然，标准模型费米子质量本来就是将左手性与右手性的费米子配对，因此也是配对机制，但这就太望文生义了。但为何南部挑战希格斯场的本性呢？试回想费米子质量

$$m_f \sim \lambda_f \upsilon$$

是借由一对左手性与右手性的费米子与希格斯场[①]Φ作用，当希格斯场产生真空期望值υ以致引发SSB，费米子质量便是υ乘以汤川耦合λ_f而得（外加除以根号2）。所以，我个人的体会，南部质疑希格斯场的本性，乃是认为所有已知的"凝结"或出现真空期望值的SSB现象，都是发生在模拟于库珀对的费米子配对上，因此自然界的希格斯场，恐怕不是基本纯量

―――――――――

[①]　标准模型的希格斯场Φ有四个自由度，产生真空期望值的自由度会保留成H，而其他三个自由度则被W与Z吸收。

场，而可能是夸克–反夸克对。因此真空期望值是被"玻色子化"了的夸克–反夸克对的等效场凝结所引发，就像库珀对一样。其实，无论是恩格勒与布劳特或希格斯，因为都受到南部SSB工作的启发，因此都承认这个费米子–反费米子真空期望值的可能。但目前的主流意识反映在诺贝尔委员会的颁奖宣言里则是将希格斯场Φ摆在基本纯量场的地位，因此所发现的126 GeV/c^{2}新粒子，自然是基本纯量粒子了。

　　以下我们将略述我们自己的意见与想法，出发点则是运用汤川耦合λ$_f$的真实性，但引入四代[①]夸克Q，以极强的λ$_Q$引发Q–反Q凝结，作为电弱对称性自发破坏的机制。说完这些，我们就可以回到"真假圣杯"问题，讨论126 GeV/c^{2}新粒子究竟是什么了。我们的结论，倒不一定会被南部先生接受，但确实是受到他的启发。

四代夸克散射与"自能"

　　我推动Belle实验研究在2008年到达高峰，开始将研究重心从Belle转移到CERN大强子对撞机LHC的CMS实验，因为LHC预计该年终于要对撞了！我在2006年便已替台大的CMS物理分析定下四代夸克搜寻的战略。当时我因台大团队

---

① 就像前三代每代各有两颗夸克一样，四代夸克Q也有电荷+2/3的t'与1/3的b'，只是就像质子与中子一样，各样的间接测量限制这两颗夸克质量必须几乎一样，因此只以Q标出即可。这里Q的符号不能与电荷的符号相混。

在Belle发现的"B→Kπ直接CP破坏差异"所诱导，认为可以是四代夸克借"Z企鹅图"引发的。但将四代夸克搜寻定为战略，则是因为在当时这是相当非主流的方向，因此在我们并无经验而比Belle艰困得多的CERN与CMS大环境，竞争阻力不会那么大。另一方面，虽然冷门，四代夸克在LHC其实是一定要探索的课题，而衰变道又多且牵涉到各种终态粒子，是做大强子对撞机物理绝佳的训练场。因此我当时引用刘邦在面对包括项羽在内的中原逐鹿大军压力下，初期退居汉中，最终得天下的比喻，称这个方案为"汉中策略"。

在2007年到2008年左右，我一方面开始把人员往日内瓦送，因此经历远距作战导致水土不服的折损，另一方面重新学习四代夸克的相关课题，特别是我比较不熟悉的强子对撞机物理。我原本就知道在1990年前后，南部因顶夸克越来越重，重新思考以$t-$反t凝结作为电弱对称性自发破坏的动力源。顶夸克后来发现时质量不够大，因此其汤川耦合λ_t不够强，但这个想法仍有不少人后续追寻着。2006年起，有几组人提出以四代夸克凝结来达到南部当年的构想。这样的想法，自2008年起大大吸引了我的兴趣。因为南部以及差不多所有其他跟随者的思考与讨论，用的都是当年他与犹那-拉细尼欧的所谓"NJL模型"（Nambu-Jona-Lasinio model），因此我原本的思考模式也离不了这样的框架。

四代夸克的一个课题，是所谓的高质量么正上限unitarity bound，就是在m_Q大过约550 GeV/c^2左右、亦即顶夸克质量的约3.2倍时，"低阶"Q反Q→Q反Q（或QQ→QQ）散射震幅在高能极限会发散。这并不是说这样的质量是不容许的，乃是多少反映所谓的汤川耦合λ_Q已进入强作用的范畴，不能只考虑低阶散射振幅。很显然，这个么正上限对应的强λ_Q作用，与可能的Q-反Q凝结应当是相关的。因此我对么正上限与Q-反Q散射（如下图左上所示）的关系很感兴趣，开始问问题，并作理论探讨。特别是在2008年9月LHC因发生意外而停摆一年的时候，因为眼巴巴看着费米实验室的四代夸克质量下限不断上修，自2009年起，我更加琢磨这个么正上限与Q-反Q散射问题。

　　么正上限当然来自交换所谓的纵向偏极向量玻色子VL（"纵向"为longitudinal，因此下标为L，同理，"横向"为

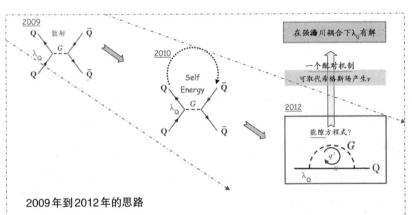

2009年到2012年的思路

随着LHC时代的来临，因为推动台大团队对四代夸克的搜寻，自2009年起思索强汤川耦合之Q-反Q散射问题，于2010年转成"自能"（self-energy）问题，到2012年初写下"能隙"（Energy Gap）方程式，并做出初步数值解：能隙方程式有解意味著Q的质量产生，因此电弱对称性自发破坏了。

transverse，因此用 T ），也就是被"吃掉"了的南部–金石玻色子 G。既然 G 是因电弱对称性自发破坏变成无质量，而与横向偏极向量玻色子 V_T "共舞"，即 G 成为 V 的纵向偏极 V_L 以致产生 m_V，所以南部–金石玻色子当然与重夸克有汤川耦合 λ_Q，因此在 m_Q 很重的情形下，出现么正上限，因为 λ_Q 随 m_Q 增加，走向强作用。这是通常的标准模型思维，把希格斯场当作"既定的事实"。但我当时反向思考，认为物理学的大传统乃是以观测为依据，而希格斯玻色子当时尚未观测到。我们已知的是什么呢？借 1990 年代的 LEP 电弱精密测量，我们已借实验直接确立 SU(2) × U(1) 电弱规范场论的动力学，但同时又知道传递弱作用的向量玻色子 V 乃是很重的，因此这个规范场论必须是自发破坏的。我于是论证说，既然实验已经知道 V 与夸克的交互作用形式，而我们也知道 V 与夸克都是带质量的，我们可从纵向偏极向量玻色子 V_L 与夸克的交互作用形式，运用狄拉克方程式作少许运算，得到等效的南部–金石玻色子 G 与夸克的交互作用形式，正是标准模型里熟悉的汤川耦合。妙的是，向量玻色子 V，无论是横向的 V_T 或纵向的 V_L，其与夸克的交互作用，在形式上都确实只有左手性夸克参与（宇称百分之百不守恒，第四章）。然而，在我们这个夸克与向量玻色子均有质量的真实世界里，运用熟悉的狄拉克方程式，竟得到同时有左手性与右手性夸克参与的南部–金石玻色子 G 与夸克的交互作用。这个等效汤川耦合，藏在已经直接由实验证实的向量玻色子 V 与夸克的交互作用里。

上面的论证，发生在2009年夏初。重点是，我的论证没有用到希格斯场，便从已知的夸克与向量玻色子的规范耦合，推论出南部－金石玻色子的汤川耦合！而既然有人认为重四代夸克Q的凝结可以引发电弱对称性自发破坏，我便开始质疑究竟还需不需要希格斯场。可是，对于么正上限问题，自2009年后半起，我有了一个新的迷惑。么正上限问题既然是借交换V_L或G所引发，在传递的动量q远远大于$m_V\sim80$ GeV/c^{2}时，m_V已然微不足道，模拟于当年，也就是汤川的π介子质量m_π在散射过程中微不足道。因此，媒介么正上限问题的G交换，在m_Q很大的情形下其实是一个相对长程的作用力，与人们（自南部以降）通常所用的NJL模型的所谓"接触作用"（contact interaction）形式并不相同。然而四代夸克凝结的讨论，多半从NJL模型出发，因此我从2009年到2010年，几乎逢人就问人家对这个观察的想法，但多半的人大概都不知道我在问什么。

2010年夏，在赴巴黎参加当年的国际高能物理ICHEP大会前，路过慕尼黑技术大学时，与一位旧识、比我年轻的西班牙理论物理学家同一办公室，我当然又在黑板上画起图来，解释并询问我的老问题。但也许是我已问了相同问题多次，也许是因为我凝视着在黑板上画的散射图（见第122页图），突然（我在讨论时脑筋动得最快）我将左边的Q联机到右边的反Q，如中图的圆弧形点线一般，然后惊呼："原来这个Q-反Q的散射其实也是个Q夸克的自能问题！"首先，要知道顺着Q的箭头连到反Q的同向箭头，在所谓的蓄蔓（我们在第二章的戏谑翻译，通常译为费曼或费因曼）图[①]里是可允许的，使Q的带箭头黑线与G的虚线形成一个所谓的"圈图"。而我知道"自能"若可自洽地得出数值，亦即将整个圈图以一个叉（x）取代而该数值不为零的话，是可提供Q以质量的。这样的语句，你当然不好懂，但对我而言，我过去的经验让我对问题有了进一步的体会。

强汤川耦合与对称性自发破坏

在2010年到2011年时，对四代夸克的直接搜寻在CMS与ATLAS实验如火如荼地进行，台大团队在陈凯风教授主领下在CMS是领头羊，也领先ATLAS实验。因为有自2008年以来在费米实验室的实验征兆，我当时对B_s系统（由b与反s夸克构成之介子与反介子）的超越标准模型CP破坏特别感兴趣，因为这与第五章通天的CP破坏有关。也因这些因素的汇集，四代夸克成了准显学，感兴趣与投入的人越来越多。除了B_s系统的CP破坏，我对Q-反Q散射的兴趣，因着等价于束缚态的探讨，因此我带领几名博士后探讨极强汤川耦合下的相对论性束缚态。这是没有正规方法可以解的，只能做近似与定

①　照粒子物理与场论的"蕃蔓规则"（Feynman rules），费米子的"线"带箭头，箭头若与时间的方向相反则为反粒子，因此第122页图中的散射是把时间当作向上，所以是Q-反Q的散射。然而，当我们的思路演进到图右下角的能隙方程式时，则时间又好像向右进行了。这个转变，见从位于中间图的点线相连以致左边的箭头似乎一路连到右边的箭头，即表示应有相同的时间方向，因为同一颗粒子不能转向。在蕃蔓图里，时间的方向却是可以随意诠释的。

性的讨论，显出探讨逼近么正上限强汤川耦合时的困难。我从这个探讨获得一些启发，注意到 Q-反 Q 束缚态在"赝标量"（pseudoscalar）的量子数，是可因巨大吸引力"崩塌"成所谓的超光速粒子（tachyon）即"快子"的。当然，没有超光速粒子的存在，因此快子的出现，意味着动力系统进入了另一个"相"，要换一个基底来讨论了；这样的相的转变，与我们感兴趣的自发对称性破坏是有亲密关联的。另一方面，最易崩塌的赝标量束缚态，其量子数 0⁻ 正好是南部-金石玻色子 G 的量子数，这给我一个感觉：崩塌的极限，不就是南部-金石玻色子么？我感觉对电弱对称自发破坏问题，看到了曙光与契机。讨论至此，我一串絮絮叨叨的用意，是让读者理解研究者如何徜徉在探索的世界里，追寻的是满足好奇，不带其他目的。

2011 年暑假，LHC 专作"味"物理测量的 LHCb 实验将所有的 B_s 系统新物理征兆全都"杀光"了，一切回归标准三代模型。但我知道这不影响第五章所讲的 CP 破坏暴涨，因此失望之余，也不以为意，反倒更专心于强汤川耦合的电弱对称自发破坏问题。因我在组里多次的讨论，手下资深的日籍副研究员御村幸宏主动找我，表达对问题的兴趣，让我喜出望外。2011 年底，虽然一些国际四代同好、友人，因希格斯玻色子的征兆在 125 GeV/c^2 左右出现而失去信心，我则仍不以为意。这是因为在 7 月份看到 140 余 GeV/c^2 附近的征兆，在 8 月份增加数据后又淹没了；我在 B 工厂看多了这个、那个征兆的出现，绝大多数都会消失的。因此我继续向我的目标迈进，于12 月及 2012 年 1 月在台大召开小型工作坊，推动接近或超越么正上限的四代夸克理论与实验研究。

其实2011年暑假的数据令实验工作者感到迷惘与彷徨，因为似乎没有任何的新物理冒出来；即便125 GeV/c^{2}的希格斯玻色子征兆，也是符合标准模型预期的。对不同类型的新粒子，当时的标语，可说是（下限为）"1-2-3 TeV/c^2，没有新物理"，即1000—3000 GeV/c^2，不要说不见超对称，啥也没有。四代夸克的实验下限较低，却也突破了么正上限，但综合而言，没有新物理让我能清楚写出"能隙"方程式；能隙是用凝态物理的语言，在这里的意思是，若能隙方程式能给出不为零的解，便表示费米子的质量借能隙方程式自发产生出来。

让我们先来解释为何没有新物理是一个重要新信息。前文说到"Q-反Q散射其实也是Q夸克的自能问题"，在左上图交换G的散射，G可传递各种动量q。在中间的"圈"图里，这表示各种的q可在"圈"里传递一圈，所以根据量子场论，所有传递的动量都要一一加，也就是积分起来。但这个对q的积分，究竟要积到多大的q值呢？这是我在2010年注意到形式上的能隙方程式，却无法后续的原因。但到了2011年夏季之后，因为"1-2-3 TeV/c^2，没有新物理"，而Q夸克看来也重逾600 GeV/c^{2}以上，我们可以设一个自洽的原则，就是要借能隙方程式产生Q夸克的质量m_Q，那么q^{2}不能超过（$2m_Q$）^{2}，若对q的积分在这值范围内，那么实验告诉我们不需要考虑其他的新物理。而G与Q的交互作用具有最强的λ_Q作用参数，忽略其他包括QCD的次要项贡献是合理的。因此我们在第122页图右下角摆了一个q^2，周围圈一个箭头，表示圈图的q^{2}必须积分起来，而这个圈图积分若自洽地产生圈图内 Q 夸克的 "x"，即自能，便是质量自发产生的道理。

我在 2012 年 1 月将能隙方程式的构想以及南部–金石玻色子 G 即是 Q–反 Q 的崩塌束缚态猜想，诉诸文字，为了避免任何啰唆，发表在台湾物理学会的学刊。附带一提，这个能隙方程式的形式叫作"阶梯近似"，虽是近似，却是非微扰的。而隐藏的自洽假设，则是圈图中的南部–金石玻色子 G，其无质量是被能隙方程式有解——质量产生，因此对称性自发破坏——所自洽地担保的！

那么能隙方程式能得到非零的解吗？感谢御村博士的投入，细读了一些我搜集的文献，也自己找了一些特别是日本的文献（包括益川先生的），使得能隙方程式寻求解能够稳健地进行。我们的能隙方程式在形式上与所谓的"强 QED"有类同之处，但原本 Q 夸克无质量（x 为零的"无聊"解）来自电弱规范不变性，比强 QED 将质量"用手"（by hand）设定为零来得自然。不同的是，强 QED 方程式以光子 γ 取代我们的南部–金石玻色子 G，但可"定规"（fix gauge）化简成一元积分方程式。在我们的情形，则必须面对二元积分方程组，最后数值求解。2012 年 3 月我去德国开相关会议前，与御村和另一位年轻日籍博士后碰面，我直问御村："你认为这个方程式能够提供电弱对称破坏的机制吗？"他愣了半秒，然后点头称是。我大喜，因为他的主题研究背景十多年来是超对称大统一场论，与这个强作用、非微扰对称破坏的机制是不相调和的。因此，有他的认可，表示这个机制可是玩真的了！我对自己的研究，将现象学与实验配合发展，竟然能够碰触到电弱对称自发破坏这样大的题目，感到自豪与兴奋。

有这样的了解，到把文章写出来，又花了两个月，然后事情就急转直下。我记得6月15日我在新竹的理论科学中心做这个题目的演讲，信誓旦旦地说这个能隙方程式可以在极大的 $\lambda_Q \sim 4\pi$ 汤川耦合之下，自发产生 m_Q，而完全不提希格斯玻色子H，言下之意，是H不会出现了。聆听的台湾清华大学学者面带姑妄听之的表情，而我言犹在耳，当晚就收到陈凯风教授从CERN寄给台大高能组教授们的电子邮件，说："哦，希格斯玻色子在126 GeV/c^2 确认了！"这个晴天霹雳，我简直不敢相信我的眼睛。而妙的是，因我数月以来越来越坚信走在对的路上，我甚至于忘了，还是没注意到CMS的希格斯玻色子分析在6月15日"开箱"！我的世界崩盘了，因为我们检验过，不只是在我的出发点的概念上不需要轻的希格斯玻色子，而且如果把它放到能隙方程式里面，得到的 m_Q 会失控般地变大得多。因此，在操作上，我们的方程式也是不允许轻的希格斯玻色子的出现的；我们的方程式不排除极重的希格斯玻色子，而希格斯玻色子极重，在概念上也与极强汤川耦合的存在相调和。当时我们的文章已经写完，在做最后校定，CMS的结果还没公布，而我们还不知道ATLAS的结果，我们将文章在6月底上传arXiv，并投递JHEP期刊。

无论如何，即便希格斯玻色子出现，我们的能隙方程式有解，可以自发产生mQ，仍有数学物理上的意义。但那不是我们的目的啊！我们要的是上苍的认可与采用，而在物理上，我们达到了可取代希格斯场产生真空期望值υ的任务，用的正是南部先生所预示的费米子配对机制：替代υ的，乃是Q-反Q的真空期望值。但是，到了7月4日在澳洲墨尔本举行的ICHEP高能大会，ATLAS与CMS的发言人在CERN总主任主持下，与墨尔本视讯联机，向全世界宣布"发现似希格斯玻色子"，我的脸就有如下图一般，因为轻的希格斯玻色子H，如前述与四代夸克Q有严重矛盾。在会场，几乎每个朋友见到我都会跟我说："George，四代夸克没了！"

而我与御村的文章，则拖了一年多才终于在JHEP刊登出来。

真假圣杯与四代夸克的追寻

我们提到过，ATLAS实验发言人贾娜蒂获选时代杂志2012年第五大风云人物，而时代杂志也刊出了一张以她为封面的侧面照，身穿7月4日在CERN宣布发现时所穿的红衣，一直让我觉得有若"红衣主教"。而希格斯先生若是"神之粒子"的发明者，那么戏称他为"神"也不为过了。因此我常在演讲中戏称上面的照片为历史性的"主教会见神"（或晋级为"教皇会见神"更传神），果然是大事了！一年多以后，希格斯与恩格勒获奖，实至名归，因为希格斯玻色子的搜寻与126 GeV/c^2粒子的发现，是人类成就的新高峰，也绝对突显了BEH机制的深刻洞察。

我从6月15深夜以来的彷徨，经过ATLAS与CMS结果的互相证实，原来还抱着一线希望（数据彼此出现矛盾）的心情跌落谷底，不只是图右侧的苦脸所能表达而已。ICHEP大会中，有理论讲员打出[①]"R. I. P.：1979—2012特艺色模型"及通用于所有的"无希格斯模型"，虽然没提，当然就包括我们的四代夸克强汤川耦合机制了。如前述，我们的机制里希格斯玻色子当很重，而很重的希格斯玻色子应当有非常大的衰变"宽度"，表示它的质量不确定性大到与质量本身相当，因此根本不会再以正常粒子的形态出现，有若QCD强作用里的"纯量强子"。但既然"无希格斯模型"已寿终正寝，该讲员既而诙谐地提醒"复活"的可能："不是不能想象在无希格斯模型里出现伸展子（dilaton）的可能。"他又继续说明"伸展子乃是尺度（或伸展）不变性自发破坏的金石粒子"，因为"它的各种耦合与希格斯玻色子一样，只差一个总体系数，因此是可以冒充希格斯玻色子的"。其实我在之前一两年，便已知道有一些理论家已在事前写论文打预防针，说到出现冒牌希格斯玻色子伸展子的可能，因此我也收集了一些文章备用。在我们的能隙方程式数值解的文章里面，我们也说明轻的希格斯玻色子会将m_Q爆掉，但伸展子的影响则小得多，在数值解而言，是自洽而可接受的。可是讨论归讨论，人性不能改。以我与实验走得近的秉性，心中直觉地认为所谓"尺度不变性自发破坏的金石粒子"，即伸展子，乃是理论家玩的高深玩意儿，不属真

①　R. I. P. 乃是"安息罢"的英文缩写，而"特艺色"或Technicolor模型，则是仿照QCD、但把QCD引发的手征对称性破坏（第二章关于南部的部分）的尺度放大2000倍的"类QCD"强作用，用以解释电弱对称性自发破坏的机制。

实世界。所以，作为现象学理论家兼CMS实验成员，我"无法相信我们就在当下看到的乃是伸展子"，这是我在许多演讲中公开说的话。因此，我的苦脸（其实苦的是心）更如图所示。我如行尸走肉，类忧郁症从暑假期间一直延续到11月。要知道，拔得高，摔得重。我在2012年前半太兴奋、太得意了，真心认为轻的希格斯玻色子是笃定不会出现的（届时会有重大胜利……）。2011年底已现征兆的126 GeV/c^{2}粒子被确认，心中的极大失落，难以言传。

虽然有希格斯玻色子与伸展子的真假圣杯问题，但扪心自问，实在无法认同人类寻找希格斯玻色子，却发现了伸展子。但我的观感，到11月底参加在京都举行的HCP强子对撞机物理国际会议，有了转变。在该会中，纯粹根据AT-LAS与CMS增加的实验数据，可以看出来，产生希格斯玻色子的所谓"向量玻色子融合"VBF（Vector Boson Fusion）次要过程，以LHC在2011—2012年度所撷取的数据量，是不足以独立证实希格斯玻色子的。ATLAS与CMS发现了126 GeV/c^{2}粒子无误，但两个发现的管道，都是来自所谓的胶子–胶子融合（gluon-gluon fusion）过程，然后分别衰变到四颗带电轻子（4ℓ，以ZZ*为中间过程，即有一颗Z是以所谓"虚粒子"形式暂时出现的，因为126 GeV/c^{2}比两颗Z粒子加起来质量轻）或双光子γγ，亦即前者是gg→H→ZZ*，后者是gg→H→γγ。但gg→H的产生过程牵涉到圈图，是量子过程，可受未知的新的重粒子影响，H→γγ的衰变亦然。因此，2012年7月的发现，牵涉到十分复杂的物理过程。而众所周知，要确认所发现的确实是希格斯玻色子H，我们必须确认它是向量玻色子质量之源，而这必须借由VBF过程，即VV→H的产生截面与标准模型的预期一致，才算完成，这是希格斯老先生在1964年教我们的。但从京都HCP会议中ATLAS与CMS实验所公布的新数据显示，即使再加入剩余的所有2011—2012数据，也无法使VBF测量的可信度达到公认的确认标准，因此这个工作，还有待进一步的更大量数据才能进行。但LHC自2013年初进入关机状态维修，预期到2015年以13 TeV的新对撞能量重新运转，还有得等呢。

　　自这个看见之后，我的实证主义（物理乃实验科学）精神抬头，确实认为伸展子的可能必须由实验来排除，而强汤川耦合的确能提供另一种电弱对称破坏机制，因此有可能将126 GeV/c^{2}粒子的单一发现，转成伸展子加强汤川耦合的更大"赢面"，将是非同小可的双重发现。自2012年12月起，我在世界各地大声疾呼，包括在台湾内的台大、"中研院"、"清大"、"交大"，但面对极强的主流意识，众口烁金之下，这个理念似乎推不出去。而说实在的，一方面也因为推动的困难，我在2012年6月、7月受惊导致的准忧郁症，仍然如影随形，直到如今。

　　台大高能组在四代夸克的搜寻，得到了很好的成果，在CMS实验也公认是我们带进的课题。陈凯风也很成功地扩大战果，领先开发了"似向量"（vector-like）夸克的T→tZ，又扩展到顶夸克激发态等等。但自126 GeV/c^2"希格斯玻色子"出现以后，极重夸克的搜寻，已转成大部队协调作战的似向量夸克搜寻，陈凯风与我都开始有一点意态阑珊，因为我们的心态比较像冒险家与发现者。其实，我在2012年1月到4月有另外一个洞察，源自询问："若四代夸克超过么正上限，拥有极强汤川耦合，它的搜寻方式要不要改变？"到目前为止的框架，乃是将产生与衰变过程加以区隔：借QCD产生Q-反Q对，Q与反Q再分别地自由衰变。若Q真的很重，如今已超越么正上限（目前已超过约700 GeV/c^2），那么QCD产生Q-反Q对不成问题，但产生之后，Q与反Q之间可以彼此感受极强的汤川耦合λ_Q的作用。一方面，这是一个束缚态形成的问题，另一方面，似乎Q与反Q要分别地"自由衰变"，可能不那么容易了。我想到了老祖宗的汤川耦合，λ_p，即汤川本人当年提出的质子介子p-π耦合，印象也是大于10的强度。因此我在2012年1月在台大的工作坊里问众人，也是问自己："质子与反质子如何相互湮灭？"我自己推论出了答案：湮灭成一堆π介子。循着这条线，阅读文献，我发现Q-G系统与N-π系统（核子N形成偶对与Q偶对非常模拟）十分相似，因而推论在我们的能隙方程式λ_Q约4π（λ_p也是约4π）的情形，模拟于N-反N湮灭，Q-反Q当会湮灭成十颗或更多的G，亦即V_L，若能侦测，将是非常壮观的。而因为束缚态的质量当比$2m_Q$低，有可能佐以共振增强产生截面，因此这样的搜寻特征是可以期待的。只可惜这个看见，目前"有行无市"。

我想，我越说越像是火星人在说话，也不知道有没有人阅读至此……但自然科学，是就是是。就留待来日印证吧！让我们喘口气，回到地球人的世界，为本书做一个总结。

七 结论与展望

　　"我们从哪里来的？""我们身处宇宙之中，那宇宙是从哪来的？"这一类"起源"的问题深深抓住作为探索者、思索者的我们。事实上，人类在这个宇宙中能出现成为探索者、思索者，追问这些问题，本身就是最大的奥秘。

　　我们介绍了宇宙的物质起源，倒推回去，探讨了反物质的消失，发现还需要更大得多的CP破坏。这个CP破坏，可由四代夸克解决，而极重的四代夸克甚至可能导致"电弱作用自发破坏"。但关于后者，2012年新粒子的重大发现、2013年的诺贝尔物理奖均指向不会有第四代夸克了。若然，则夸克只是"龙套"演员，与宇宙起源的关联相当有限，因为夸克既不提供足够的CP破坏来解释反物质的消失，从夸克到质子、中子的QCD相变又如过水无痕……

夸克终究和宇宙起源有多大关联？

当初台大李校长邀请我给2013年度台大-"中研院"合办的"钱思亮纪念演讲"活动做演讲时，我正在为《科学人》杂志撰写《四代夸克的追寻》一文。该文在2013年1月发表，《科学人》总编辑的话称此文是该期最精彩的，并写道："……台湾大学物理系的侯维恕时而兴奋于他东方哲学式的选题策略和引领风潮，时而沮丧于时不我予的挫败，结语则是励志式的乐观。"我在2月号的《科学人》以作者来函方式响应："科学，特别是物理，是以事实为根基，而不能停在'确认我们的预期'，或者说，关键就在这个"确认"有多确切。我们不但要确认所看到的确实是标准模型希格斯玻色子，我们还要确实排除它是伸展子的可能性。目前，且在2015年前，我们并没有到达这个地步。"我想前面两章应当能让读者有身历其境的感受，而本书也可以说是这一篇《科学人》文章的延续与扩大版。不论是2013年初，或是一直到现在，我都没有放弃四代夸克。就算是"励志式的乐观"吧，我有一股执着，相信这样的执着，也是许多科学家的秉性。而说真的，从Belle实验较"居家舒适"的环境，换跑道到遥远而竞争激烈的"北大西洋"CMS实验环境，能因四代夸克的追寻，受引领一探电弱对称性自发破坏的堂奥，甚且登堂入室，做到当代的大问题，深怀感恩。这已然超过我历来的梦想了。

2013年2月4日这一期的《时代杂志》亚洲版刊登了"The Rewards of Mastering Risk"（即《掌握风险的回报》）一

文，报导了在瑞士达沃斯（Davos）世界经济论坛架构下，由
《时代杂志》邀集六位执行长与教授所举行的讨论会，主题是
"不确定性、创新与领导"。其中最得我心的是网络系统硬件公
司Cisco董事长兼执行长钱伯斯（John Chambers）的几段话，
读起来就好像是对我说的一样。因为当时金融危机已五年却仍
不见好转，因此世界经济论坛的常用字正是"不确定性"。也
算是对我自己作为台大高能组推动者的激励，并第五章与第六
章所揭橥的议题的结论，容我节录钱伯斯对《时代杂志》各论
题的响应如下①：

　　·风险中的领导
　　……你如果在（竞争）环境中而不愿担当风险、不
推动创新，很快地你就会被抛到后头。
　　（公司）最佳获益的时机，乃是诸事确实不顺，而你
愿意逆势而为。
　　·寻找创新的空间
　　（公司）取胜的方法乃是做五年、十年的规划思考；
只考虑一两年（的公司）终会遇上麻烦。
　　·悲观的理由
　　（关于这一点）我认为正好相反……
　　·创新的障碍
　　如果有什么事情对你的公司、你的大学、你的国家

---

① 因与我们主旨较无关，未录一段关于扩大竞争的话。

可以真正造成差别，而你没有下手做乃是因为你害怕创新或害怕失败，去做就对了。这就是领导。

从我写《科学人》文章以来，一直觉得要将在第六章所描述的论题做更清楚的论述，因此不断用类似钱伯斯的话给自己打气。但拖了一年了，还是没写出来。为什么？因为害怕举世同侪的认定，因为几乎所有的人都已接受所发现的 126 GeV/c^2 粒子就是希格斯玻色子，正如 2013 年诺贝尔奖所引用的得奖理由。当然，自己心里也摆脱不了 2012 年 7 月得知 126 GeV/c^2 新粒子出现的震撼，以及对该粒子会是"伸展子"的难以置信——不相信（incredulity，狄更斯用词）！虽然我经由理性分析，做成决定——伸展子乃是一个需要实验验证的问题——但我仍下不了手做出那能"真正造成差别"的行动。

但大强子对撞机的真圣杯，其实并不是希格斯玻色子本身，乃是要确立电弱作用对称性自发破坏之源，好让我们再往下走。四代能隙方程式有不为零的解，表示可替代希格斯场作为 BEH（布劳特–恩格勒–希格斯）机制。若大自然采用，则 126 GeV/c^2 质量的粒子当是所谓的伸展子！这个议题太大了，虽然成就的几率不高——但绝非零。126 GeV/c^2 粒子确实"完满地"通过鸭子测试，但这是有若哥伦布究竟是发现了到旧大陆（印度）的新航路，还是发现了新大陆的重大问题。2013 年，我在国内外把脖子伸出去（伸"斩"子），论述"重夸克–反夸克凝结 + 126 GeV/c^2 伸展子"的真实可能。

如果我所述说的成真，对将来有什么展望呢？首先，我们不能忘记若四代夸克存在，则其所提供的CP破坏可"通天"，亦即可能解决宇宙初始的反物质消失，而残余的物质成就了我们，因为仅有三代夸克是不够的。当然，沙卡洛夫的第三条件——偏离热平衡——仍有待解决，但或许极强的四代夸克汤川耦合可提供办法。就是这样的极强耦合导致特重四代夸克配对而凝结，以致可产生υ，亦即替代希格斯场成为电弱对称自发破坏的源头。而若这是大自然所采用的办法，那么所发现的126 GeV/c^{2}粒子便应是所谓的伸展子，将是一箭双雕的两桩大发现。Too good to be true？诚然！但因为υ的源头很有可能与紧接宇宙大爆炸之后的"暴涨"有关，我们的"夸克与宇宙起源"论题就不只是涵盖反物质消失之谜，也关系到宇宙更早的起源了。如果能容许我们作更猜测性的讨论，那么伸展子的发现说不定与宇宙在过去几十亿年重新加速（2011年诺贝尔奖）背后的暗能量有关。因此，极强四代夸克汤川耦合有可能牵涉到电弱对称破坏、CP破坏、暴涨与暗能量……当然，我说得太远了。或许几年之后四代夸克终于可以宣告死透了。

夸克与宇宙起源究竟有多深刻的关联？是希格斯或不是希格斯玻色子？（To Higgs or Not to Higgs？）……抑或伸展子+四代？我们唯有继续研究，等候LHC在2015年重新以更高能量启动运转。

附录一　锲而不舍的精神典范[①]

前言

教课时，学到一些教训与启示，说来与大家分享。

中子与查威德克

大家都熟知1932年查威德克发现中子。但是，可能因为太熟悉了，我们容易忘记这发现的重要性。它提供了开解原子核结构的钥匙。1935年，对中子的理解已尘埃落定，查威德克获得诺贝尔物理奖。得奖著作，基本上是长仅一页的论文。而据查威德克自述，这是"数日全力以赴地工作"的成果！

让我们进一步来了解事情的前后经过。1930年中，Bothe与Becker观察到铍受α射线照射后，发射异常的、类似γ射

---

① 此文最早刊登于台湾大学物理系的《时空》学生期刊，而后于物理学会《物理双月刊》发表。

线之辐射线，由其能量，推断必是来自原子核。1932年1月28日居里夫人的女儿Irene Curie与夫婿Fredenl Joliot寄出论文，指出这种"似γ射线"能量为50 MeV，远高于一般所观察到的核反应能量范围。在2月22日的后续通讯中，他们提出"电磁辐射与物质间之新作用"来解释质子释出的现象。看来的确是一桩不小的发现。

可惜，他们跟随Bothe与Becker所作的γ射线假设并不正确。当Curie与Joliot于1月28日寄出的通讯到达卢瑟福所主持的卡文迪许实验室后，查威德克立刻着手实验。他与卢瑟福都不相信Joliot夫妇的结论。2月17日，在Joliot夫妇提出"新作用"假说之前，查威德克为文论证α-Be反应为：

$$\alpha + Be \longrightarrow C + n$$

m_n 大约等于 m_p，就此名垂不朽。

教训

我因此对学生说，做研究"争"的就是那白纸黑字的"第一"——最早见人之所未见。查威德克就是眼捷手快，即知即行，借一页的论文功成名就，看了真是爽快，令人钦羡。Joliot夫妇则因为循错了线，到手的鸭子飞掉了，被人抢走了，似乎"功亏一篑"。虽在课中我一再强调不能忽视Joliot夫妇之贡献，但言下之意，总有一点嘲讽的味道。

第二回合：一举成名乎？

当我因着好奇，拿起一本 A. Pais 所著的 *Inward Bound* 翻读，方才更进一步了解真正的前因与后果。首先，查威德克是眼捷手快没有错，但他的一页文章绝非仅是神来之笔。我们多少都听过，做研究（或从事任何创新事务）大致不外是"在恰当的时机置身于恰当的地点"。查威德克从很早便在卢瑟福手下，受其熏陶与调教。而"中子"的初始想法（与后来发现的中子性质并不完全一样；这才叫发现，对吧！），早在1920年就为卢瑟福所酝酿着。因此，查威德克可说找中子已找了12年，各种方法都试过了。1932年1月 Joliot 夫妇的通讯对查威德克来说，其刺激"有若电击"。因此，看似得来不费功夫（数日之勤奋），其实他的确是恰当人选。作研究万不可心存侥幸！

第三回合：功亏一篑乎？

放射性研究贡献最大的两位当推卢瑟福与居里夫人。Joliot 夫妇身在居里夫人所创立、主持的"镭研究所"，其中一位并是居里夫人之长女，自幼与母亲合作研究。我进一步阅读，赫然发现，果然是名门之后、大家风范，太被我的小心眼所看小了！

虽然我自己的研究无法相提并论，但个人的例子是：当自己的结果为他人所"发扬"，或想走的路被别人抢先了，我的心便莫名地会转离，心中多少产生些情结的纠缠。这样子另起炉灶的心虽是有它的功能与原因，但我心里却也知道，轻言放弃并不是最明智的。Joliot夫妇的情况如何呢？照我自己心态来推想，当他们得知查威德克的发现，理解自己与命运"擦肩而过"时，必定悲愤万分，说不定把仪器都砸了，干起他样的研究。或者，伤痛之余，跑到阿尔卑斯山中闭门谢客，"渡假"静养半年。但Joliot夫妇并没有这样。他们并没有终止或放弃用α射线的研究，反而发挥了真正锲而不舍、不屈不挠的精神。我想，为着错过了重大的发现，躲在房内闭门痛哭一番是正常人性的表现。但伤痛之后，能收起伤痛的心肠，"回也不改其志"地继续执着原来努力的方向，是高贵的人性光辉，令人激赏。一年多后，他们又有了新的发现：

$$\alpha + Al \longrightarrow Si + n + e^+$$

几经波折，在1934年1月15日他们提出：

$$P \longrightarrow Si + e^+$$

之新放射反应：β^+衰变，并在数周后用放射化学的办法（当年居里夫人所发展者！），分离出生命期约三分钟，且有β^+放射性之磷同位素。

1935年，查威德克因发现中子荣获诺贝尔物理奖。Joliot夫妇因以上的工作与发现，荣获同年之化学奖。

启示

　　读到这里，我得到的启示，第一是：天下没有白吃的午餐！人多少要靠些机运，但爱迪生"一分天才，九十九分努力"仍是对的，若再加上不可知的机运。可是，若无"努力"与"执着"的必要条件，既使幸运之神叩门，你也无从晓得。

　　但这多少是大家耳熟能详的烂道理。真正令我感到震惊的，是 Irene Curie 与 Frederic Joliot 所展现的那股惊人毅力，正是我自己所当学习的。道理又是熟烂的：不要轻易放弃，要坚忍不拔！（嘿，可也要择善固执，取一瓢饮。）但，若亲身遭逢，何人能如此？

后语

　　有一件美事，值得一提。Curie 与 Joliot 所用的 α 放射源，钋，正是居里夫人所发现并命名者（我国将 Polonium 译为钋，并未尊重居里夫人纪念其祖国——波兰之命名，实属遗憾）。Pais 写道"Curie 与 Joliot 的发现，所用最强放射源，是母亲玛丽所发现并命名的元素；这当中漾着诗意"。

　　居里夫人并未亲身目睹女儿与女婿一同跻身自己所属"得主"行列。她在 1934 年 7 月 4 日逝世。这是另一种诗意。

附录二　四代夸克的追寻[①]

1986年高能物理大会在伯克利举行，当时我刚拿到博士学位一年。就读美国加州大学洛杉矶分校（UCLA）时的小老板索尼找到我，说："B物理的实验数据要起飞了，我们一起来探讨吧，譬如四代夸克的可能影响。"我回答说："四代夸克？太没想象力了吧！"可如今我成了追寻四代夸克的推手，见证了"4G股"无数次的水饺化……为了带入第一手的临场感，本文有略多的个人色彩与主观意识，敬请见谅。

实验与理论的互动

索尼教授当时所说将要起飞的数据，来自康乃尔大学的CLEO实验及德国电子同步加速器（DESY）实验室的ARGUS实验。而我会说四代夸克缺乏想象力，是因为当时已经确知有三代夸克，那么推到四代似乎用不到大脑，但当时年少气盛的我，总想做一些升天入地的理论呢。然而我就做下去了，写了

① 原发表于《科学人》杂志2013年1月号。

好些篇还算不错的论文。当我从匹兹堡搬到德国慕尼黑的马克斯－普朗克研究所时，进一步直接探讨了四代夸克b'（带负1/3电荷）的衰变，挺有意思的，刺激了日本高能研究所（KEK）及瑞士欧洲核子研究组织（CERN）的实验学家对四代夸克的搜寻。

可惜的是，CERN的大型电子正子对撞机（LEP）在1989年开始运转后不久，便宣称量测到微中子只有三种，而不是四种，使原本渐受注意的四代夸克"市值"瞬间蒸发。那时我已举家搬到瑞士，待了3年后打道回台。到了1990年代中后期，借着大量的数据，LEP的实验对四代夸克再补上一枪，宣称对"量子效应"的精细量测显示四代夸克极不可能存在；对绝大多数人而言，四代夸克算是玩完了。所以，有15年的时间，我就像五四之后的文人一样，不时把长了霉渍的四代夸克拿出来晒一晒，端详端详。

到了2004年，台湾大学高能实验室的张宝棣教授与博士生赵元在KEK的Belle实验数据中，找到了"直接CP破坏"（衰变时发生的电荷－宇称不守衡，一种物质与反物质的不对称性）的证据。然而，我们注意到带电与中性B介子的直接CP破坏似乎不同，令人意外。这个"直接CP破坏差异"的测量，在张宝棣教授和我的推动下，最后发表在《自然》。

我当时深受这个超乎预期的差异所震撼，想到了四代夸克t'（带正2/3电荷）的可能效应，与两位博士后研究员运用了"中央研究院物理所"研究员李湘楠的量子色动力学修正计算法推算后，指出四代夸克是可以解释B介子直接CP破坏差异的，于2005年发表在《物理评论通讯》。在当时不甚流行的四代夸克研究上，这可不是轻而易举的一件事。自此而后，我发现我的心思越来越被四代夸克所占据。四代夸克渐渐成为我的主要研究。

汉中策略

2006年初，台大高能实验室参与CERN大强子对撞机（LHC）的紧致缈子螺管侦测器（CMS）建造已5年，主要的物理分析人力则仍摆在Belle实验。然而LHC再几年就要运转，我们究竟要做什么物理分析，令我十分伤脑筋。我们参与Belle已十分得心应手。Belle实验观察正负电子对撞所产生的粒子，产生环境十分干净、数据分析容易上手，自1999年以来很快就在实验室内建立了传承。而且日本与台湾距离近、几乎没有时差，文化差异也不大，KEK又提供了非常开放的环境，使得我们参与Belle实验的成果十分丰硕。反观参与CMS实验，战线拉得很长，孤军深入欧美优势环境，时差与文化、生活差异都对我方不利。而且CMS实验汇集了全世界三千多名高能实验精英，其竞争性与四百人、自家后院般的Belle实验不可相提并论。更何况，台大高能实验室缺乏在CERN的实务经验，也缺乏强子对撞环境的物理分析经验。

当时，我正巧完成一篇与摩洛哥丹吉尔大学阿瑞布教授（Abdesslam Arhrib）合作的关于四代夸克衰变的更新探讨（晒一晒），自然就想到了四代夸克的题目。基于责任，我第一要厘清的，就是不能把实验室内的资源耗费在自身的迷妄上。但我继而一想，拍腿称妙，拟定了所谓的"汉中策略"（刘邦纳张良与萧何之议入汉中，终得中原，"汉"也成为中华民族主体的代名词）。

我们那时唯一可仗势的，便是参与 Belle 实验所累积的一些优秀人才，但是这些人并没有强子对撞环境的分析经验，还需要训练，实不宜仓卒推入"中原大战"，以免过早折损。我们本来就应该从次要战场入手，而四代夸克就成为极佳的选择。因为大强子对撞机产生四代夸克的效率相对是大的，事实上也是必须搜寻的；不管理论学家用间接数据如何宣告，直接搜寻是无可取代的，此其一。但正如我 20 年前对索尼教授的反应，多数人在 2006 年认为四代夸克是不存在的，这正好使我们不必面对过度凶险的竞争，此其二。若众人所认为的"不存在"果然是对的，那我们也较容易出几篇所谓的搜寻"下限"（没找到，因此其质量不在某某数值以下）论文；能在竞争极度激烈的 CMS 实验发表自家的论文，已是非常不错了，此其三。若我们有幸看到征兆，即便有强敌介入想分一杯羹，也改变不了我们的先行者地位，此其四。而不论有没有看到四代夸克，除了能发表搜寻论文，团队将能借此习得强子对撞环境的各种物理分析经验，有助于未来发展，此其五。事实上，对实验室成员来讲，四代夸克还有我们在 Belle 实验所发现的"直接 CP 破坏差异"作为动机，可以激发人心，此其六。如此成竹在胸，再与团队的教授们共同商议得到认可后，台大高能实验室在CMS实验的初步物理分析方向就此定案。

4G 上通云汉？

前面讲到的"直接CP破坏差异"论文，是经过与期刊编辑一番交涉才完成的。不知为什么，自1930年代之后，粒子物理论文极少在《自然》发表，《自然》的最大读者群是生物医学背景的人，因此即使论文要送审，编辑也要求文章要写得让人（不只是物理学家）看得懂。当然，我们最终做到了，而且还带出了一个意想不到的附加价值。

当我琢磨如何写出生物学家也看得懂的物理文章的时候，就好像换了个脑袋，跟平常不一样了。2007年暑末，我突然想起一个熟知的三代夸克CP破坏的雅思考格不变量，若用相同的公式，但以二–三–四代或一–三–四代（或不区分一–二代）替换一–二–三代，因着新增CP破坏相位角，更因为四代夸克远远重于前三代夸克（特别是一、二代夸克），这个新的"四代雅思考格不变量"与三代相比，可暴增千兆倍以上（参见155页"深入夸克模型"）。是的，你没看错，可暴增千兆倍以上。我好像找到了四代夸克应该存在的原因了，乃是关乎宇宙起源：为何原本应与物质等量产生的反物质全都消失不见了？也许我原本认为缺乏想象力的四代夸克，上天远超乎我想象地赋予了它存在的理由！

当初小林诚与益川敏英在连第二代夸克都还不齐备的

1972年，就提出了存在三代夸克的想法，目的就是解释CP破坏。CP破坏的现象是1964年在所谓的"K介子系统"发现的，之后小林诚与益川敏英证明，虽然只有二代夸克不会有CP破坏，但若扩展到三代，便会出现一个唯一的CP破坏相位角。幸运的是，三代的涛子与底夸克（b）在1975年与1977年分别被发现，虽然顶夸克（t）迟至1995年才出现。到1980年左右，人们已确信三代夸克的存在，使得小林–益川三代夸克模型成为粒子物理"标准模型"的一部分。到了1990年代，日本及美国分别建造了量产B介子以研究其性质的"B介子工厂"，即前述的Belle实验及斯坦福直线加速器中心的BaBar实验。这两座"工厂"在2001年证实了小林诚及益川敏英的CP破坏相位角，使两人荣获2008年诺贝尔物理奖。

然而，小林诚在领奖致词时却表示，要解释宇宙反物质消失之谜，还需要额外的CP破坏效应，这又是为什么呢？话说回来，在1964年CP破坏的实验发现后不久，俄国氢弹之父、后来因为人权奋斗而获诺贝尔和平奖的大物理学家沙卡洛夫指出，CP破坏是解释宇宙反物质消失的三大要件之一。而小林诚、益川敏英的CP破坏相位角，经计算且以雅思考格不变量表现出来的话，单在CP破坏的强度方面就小了不只百亿倍。这是小林诚在领奖致词时，自承他与益川敏英所发现的三代夸克相位角不足以"通天"的原因。

好，我发现只要把三代夸克扩展到四代，CP破坏的强度看来就可以跨过门坎，直达云汉了，我看到这点时的兴奋可想而知。因为奇特的是，雅思考格不变量公式自1985年以来众人皆知，怎么会轮到由我在2007年将四代夸克的数值代入呢？ Why me？看来换一个与不同的人沟通的脑袋，还真是有帮助！不过，当我终于在2008年3月将这个洞见公诸于世之后，《物理评论通讯》审稿人及编辑却以我没有解决沙卡洛夫第三要件（脱离热平衡的相变）为由，将文章打了回票，最后我将它发表在2009年的《物理期刊》，而我仍自认这是个人最重要的传世之作。

从死透到翻红

自2006年定调之后，台大高能实验室从2007年起开始派员常驻CERN，努力将"在地团队"人数推到临界值，足以在CMS实验有竞争力。几个四代夸克搜寻办法上的预备工作，到2008年9月LHC运转前，已大致就绪了。然而天不从人愿，在LHC轰轰烈烈开始运转后没有多久，加速器的两段超导磁铁轰然一声发生重大意外，导致整个LHC实验进程延迟了几乎两年。在这两年中，虽仍在练兵，但已到位的人员眼睁睁看着美国费米实验室的Tevatron质子对撞机把我们原本锁定的四代夸克目标质量范围吃掉了。虽然他们没有发现四代夸克，但心疼啊！

2008年10月诺贝尔奖公布，小林诚及益川敏英获奖不意外，令人意外的是那年的物理奖颁给了两组日本人，另一半颁给了日裔美国人南部阳一郎。南部阳一郎提出自发性对称破坏理论的重大贡献人人皆知，得奖实至名归，而我受邀在2009年5月的某国际会议上做关于三人得奖事由的报告，更是将他的工作考查了一番，得到新的启发：如果将南部阳一郎1960年代提出的对称性破坏想法加以引申，那么因尚未找到四代夸克以至其质量必须越来越重时，与质量成正比的"汤川耦合"就越来越强，强到一定程度时，四代夸克与反四代夸克的相互吸引会不会引发电弱对称性破坏？若电弱对称性破坏可以来自四代夸克的强汤川耦合，那我们还需要希格斯玻色子的机制吗？而搜寻希格斯玻色子，也就是探讨电弱对称性破坏之源，不正是兴建大强子对撞机的目的吗？难道依汉中策略设定四代夸克搜寻为我们的初期目标，还能导向探索电弱对称性破坏之源？太帅了，汉中还真通向中原？！受此吸引，我也开始从事强汤川耦合的理论探讨，发展出不少有趣的结果。

到了2009年底，LHC终于重新运转。此时CERN学乖了，将能量及强度缓缓提高，到了2010年10月，LHC加速器团队信心大增，预估2011年将可得到大量数据。果然，2011年及2012年运转非常良好，使得Tevatron质子对撞机在2011年9月提前关机，替Tevatron质子对撞机时代划下休止符。台大高能实验室也在四代夸克及其他极重夸克的搜寻上，领衔发表了好几篇论文，在CMS实验闯出了一片天。有趣的是，在2007年前还被认定死透了的四代夸克，因着我们的经营以及一些其他因素，到了2010、2011年已呈微红之势，在LHC对新物理现象的搜寻名单上，占有显著的位置，真是风水轮流转呢。

危机？转机？

因着2011年的大量数据，我们迅速将四代夸克的质量下限推展到超越Tevatron质子对撞机的结果。四代夸克越来越重，但若其确实存在，则表示它越来越有可能是电弱对称性破坏之源，这是令人兴奋之事。而在CMS实验之内，参与四代夸克搜寻的人员与团队也越来越多。

然而，也许上天考验人心吧，自2011年8月以来，四代夸克又几经波折起伏！

在2005年讨论四代夸克可能引发B介子直接CP破坏差异之后，我与合作者进一步指出，若真如此，则因差异颇大，可以推论在所谓的Bs–反Bs介子系统，应会出现远大于标准模型所预测的CP破坏。到了2008年，费米实验室Tevatron的实验竟然宣称看到征兆，而到了2011年晚冬，连大强子对撞机的LHCb实验也宣称在其仍属少量的2010年数据中有端倪。那时我真的很兴奋。到了7月，虽然希格斯玻色子的搜寻经历起伏，而LHC完全没看到新物理的征兆，我仍强烈认为在Bs介子系统的CP破坏，将会是年度的发现。没想到，到了8月底在印度孟买举行的粒子物理年会上，LHCb实验公布新结果：没有在Bs介子系统看到大的CP破坏！大受打击的不只有我，但我自2004年从B介子直接CP破坏差异所嗅到的四代夸克线索就此断裂。错愕之余，所幸那"通天"的CP破坏效应，倒不太受Bs介子系统CP破坏大小的影响。

在孟买会议中，还有对四代夸克不利的其他宣言。斯坦福直线加速器中心知名的裴斯金教授（Michael Peskin）总结报告时，宣称"四代夸克有大麻烦了"。他指的是，已有的希格斯玻色子征兆与标准模型的预期没有冲突，四代夸克恐怕有困难，因为重四代夸克的存在应当会增强希格斯玻色子产生率10倍，似乎与数据不符。我倒对裴斯金的宣判不太在意，因为我们从7月到8月才亲身经历希格斯玻色子在另一质量的征兆消失，因此当时的征兆也可能消失，在数据不多时这并不稀奇。似乎很多人也和我一样，因为到了2012年，四代夸克的声势似乎又在回升，台大高能实验室也发表了世界最新的 b' 质量下限。而此时，我的理论工作指向重四代夸克的强汤川耦合确实可能引发电弱对称性破坏，但其质量远大于我们的下限，所以难怪还找不到。我也越来越深信希格斯玻色子应当又重又隐晦，是不会出现了。

但事与愿违，大家都知道后来的戏剧性发展：LHC的ATLAS与CMS两个实验，一同在2012年7月4日宣布看到了重达质子130余倍的类希格斯玻色子。在澳洲墨尔本举行的高能年会中，几乎每个朋友都拿裴斯金的理由向我说，四代夸克不会存在了。我得承认，我的失落至今都未恢复。

但，就这样了吗？四代夸克是不是一败涂地，万劫不复了？我不想硬拗，因为形势比人强。但就科学上讲，事情确实还没到最最后关头。首先，目前虽然确定看到有东西，但仍是"类"希格斯玻色子，有可能它不是"真"希格斯玻色子而是与四代夸克兼容的其他粒子，虽然连我都觉得发现这样的粒子真是难以置信。要知道，就像过往一样，"四代夸克的存在会增强希格斯玻色子产生率10倍"根据的是间接的计算，而我们已强调没有东西可取代直接搜寻。但麻烦的是，大家会开始质疑我们现在搜寻的方向与模式。这就带入第二点，也就是其他可能的极重夸克，例如"向量式"夸克的搜寻，并不受影响，只是搜寻变得复杂起来，变成了大部头的工作，没有以前好做了。所幸台大高能实验室的大将陈凯风教授，早已机敏地布局，用CMS实验数据发表了LHC时代的第一篇向量式夸克的搜寻论文，曾衍铭也成为台大高能实验室第一位借CMS数据毕业的博士。第三，也是与第一点相关的，就是极强的汤川耦合已超越了大家所熟悉的微扰理论范围。大家平常的想法，是否受限于微扰思维？大自然会不会借超强的汤川耦合，搭演一场出人意表的新戏呢？我好像在痴人说梦了！但到最后，让我们回到四代夸克的通天本领。如果四代夸克的存在可以提供足以让宇宙反物质消失的CP破坏强度，老天爷为什么不用呢？

我无法确定这是否就是终局，还是峰回路转后又会有不同的结局？……也许，这就是科学研究的有趣之处吧。

[进阶探讨]

深入夸克模型

我们对夸克模型及费米子"风味"（flavor）物理的了解，一大部分是在1950年代及1960年代借对K介子系统的研究而得。K介子是在1947年发现的：K^+及K^0

介子成对，而K^-及反K^0介子是它们的反粒子。K^0介子是由反s夸克及d夸克构成，而反K^0介子则是s夸克及反d夸克。s及d夸克均带电荷$-1/3$，若把（反）K^0介子中的（反）d夸克替换成带$+2/3$电荷的（反）u夸克，便得到K^+（K^-）介子。

K^0及反K^0互为反粒子，但不带电荷，弱作用引发的所谓"盒子图"过程，可将K^0变成反K^0，反之亦然，称为K^0-反K^0介子"混合"现象。在李政道与杨振宁提出的弱作用宇称（parity或P）不守恒由吴健雄在1956年很快验证后，一般以为所谓的电荷-宇称，即CP（C是把粒子变成反粒子的变换），是守恒的。但1964年菲奇及克罗宁发现在K^0-反K^0介子混合效应中CP并不守恒，是为"CP破坏"现象，两人因此荣获1980年诺贝尔物理奖。

在K^0-反K^0介子混合效应中的CP破坏，传统上称做"间接"CP破坏。这是由于实验都需要检测K^0或反K^0介子的衰变，而此衰变过程中发生的CP破坏已称为"直接"CP破坏，这只是个命名的区分而已。但K介子系统的直接CP破坏要到三十五年之后的1999年，才由实验学家确实量到，台大物理系的熊怡教授是当时两个实验中KTeV实验的发言人之一。

1972年秋天，小林诚与益川敏英以夸克模型探讨CP破坏的根源，指出第三代夸克要存在才会出现CP破坏的相位角。在b夸克发现后，人们很快指出与K^0-反K^0介子系统模拟的B^0-反B^0介子系统（成份为反b夸克-d夸克及b夸克-反d夸克）会有可测的间接CP破坏效应，并可借此测量小林-益川相位角。后续的发展，最终导致B介子工厂于2001年的量测。三年后的2004年，测量到B介子系统的直接CP破坏，在Belle实验的主要物理分析贡献者为台大物理系的张宝棣教授及当时的博士生赵元。

小林-益川三代夸克模型是粒子物理学标准模型的一部分，六颗夸克的质量乃是一个特定系数，即所谓的汤川耦合常数λ_i（越大则作用力越强）乘以一个共同的"真空能量"常数v（此真空能量即由希格斯场而来），亦即夸克i的质量m_i正比于λ_{iv}。因着小林-益川三代夸克相位角的唯一性，瑞典女科学家雅思考格在1985年用代数证明所有的可测CP破坏效应均正比于J：

$$J = (m_t^2 - m_c^2)(m_t^2 - m_u^2)(m_c^2 - m_u^2)(m_b^2 - m_s^2)$$
$$(m_b^2 - m_d^2)(m_s^2 - m_d^2)A$$

亦即同类电荷的夸克质量（平方）差的乘积，再乘以一个几何面积A。这个A可对应于各种可测量的过程，如上述的K^0介子系统或B^0介子系统。有趣的是，不管怎样的系统，最后对应的面积A都是一样的，因此J被称为雅思考格不变量。

然而，因为$m_d^2 \ll m_s^2 \ll m_b^2$，$m_u^2 \ll m_c^2 \ll m_t^2$，$m_b^2 \ll m_t^2 \sim v^2$的缘故，三代夸克J的数值远远小于宇宙反物质消失所需

的CP破坏量。但若存在第四代夸克，一方面A变成有好几种，更重要的是因为m_t'、$m_b' > m_t$，所以四代夸克雅思考格不变量将远远大于小林–益川三代夸克雅思考格不变量。再把B^0–反B^0介子中的（反）d夸克替换成（反）s夸克的所谓B_s–反B_s介子系统，三代夸克模型预期的可测CP破坏效应，会比B^0介子–反B^0介子系统小许多。但在四代夸克模型，B_s介子系统的CP破坏效应与三代夸克模型所预期的值不同。

附录三　把"光子"变重了[①]

——基本粒子的质量起源

对一般人而言，"质量从哪里来？"似乎问得不着边际，但对于粒子物理学家却是一个最深刻的问题。方司瓦·恩格勒与他已过世的同事罗伯·布劳特，以及彼得·希格斯，在1964年分别提出理论，说明何以能让传递作用力的粒子变得有质量，以至于弱作用力可以与电磁作用力融合为"电弱作用"。这个通称希格斯机制的理论发现，今后的正式名称将是"BEH机制"，以纪念无缘获奖的布劳特。

诺贝尔物理委员会今年所引用的得奖理由，是历来最长的。除了恩格勒与希格斯获奖是因为"理论上发现一种有助我们了解次原子粒子质量起源的机制"，更强调"所预测的基本粒子最近被欧洲核子研究中心大强子对撞机的 ATLAS 和 CMS 实验找到，因而获得证实"。这便是大家近来耳熟能详的希格斯玻色子，俗称"神之粒子"。超导环场探测器（A Toroidal LHC Apparatus，ATLAS）与紧致缈子螺管侦测器（Compact

---

① 原载于《科学月刊》杂志 2013 年 12 月号。

Muon Solenoid，CMS）实验于2012年7月4日在欧洲核子研究组织（CERN）宣布"找到了！"，质量约126 GeV/c²（基本粒子质量单位，*GeV*为10亿电子伏特，*c*为光速），在铯与钡原子质量之间。这两个实验台湾都有参加，而花了近五十年才找到的这颗上帝粒子，终于完成了粒子物理标准模型的最后一块拼图。恩格勒与希格斯也在发现一年后，分别以81岁及84岁高龄得到了期待已久的荣誉。

从实验发现到理论得奖

　　2013年7月欧洲高能物理大会在瑞典斯德哥尔摩举行，欧洲物理学会特别将2013年"高能与粒子物理奖"颁给ATLAS及CMS实验，理由是：发现一颗希格斯玻色子，与布劳特－恩格勒－希格斯机制所预测的相符。此奖也同时颁给ATLAS实验的第一位发言人叶尼与CMS实验的头两位发言人戴拉内格拉及弗迪，以表彰三人的贡献。笔者本身以及台大也参与了CMS实验，算是沾了边，但这两个实验分别有约3000人参与，在台湾还有"中大"参与CMS、"中研院"参与ATLAS。布劳特、恩格勒与希格斯则早在1997年便已荣获此奖。从诺贝尔委员会已将欧洲核子研究中心CERN及ATLAS与CMS的贡献写在得奖理由里，参考过去1979年、1984年及1990年的类似用语，将来是不会有"发现一颗希格斯玻色子"的诺贝尔奖颁给实验了。

　　但这毕竟是高能物理界的盛事，CERN对此非常重视，其

蛛丝马迹可说就是在"发现一颗希格斯玻色子"的用字里。当
2012年7月4日宣告发现"似希格斯玻色子",便是在CERN
举行。但当时应是已过了诺贝尔委员会的评选时程,所以虽有
期待,却奖落别家。2013年3月在意大利阿尔卑斯山区举行的
冬季粒子物理大会中,ATLAS与CMS实验分别报告了对新粒
子性质的检测结果,与标准模型希格斯玻色子的预期相符,因
此实验及理论的总结报告者均认为可以将"似"希格斯玻色子
改称"一颗"希格斯玻色子了,CERN也赶紧同步在网页上做
此宣告。笔者当时听说后略感诧异,戏称一定是诺贝尔委员会
的短名单日期要截止了。到了斯德哥尔摩欧洲高能物理大会,
果不其然,"一颗希格斯玻色子"进入ATLAS与CMS的得奖
理由。

那么为何这个发现与得奖这么有张力呢?让我们从2008
年的物理奖得主南部阳一郎说起,把时间拉回到1960年
前后。

超导理论到自发对称性破坏

南部阳一郎因"发现次原子物理的自发对称性破坏机制"
获得诺贝尔奖,他的贡献正是恩格勒与希格斯工作的起头,而
他的诺贝尔演讲初稿提供了不少轶闻。

专攻粒子物理的南部在东京大学受教育时接触过固态物
理。1957年他已在芝加哥大学任教,听了一个令他困惑的演
讲。当时还在做研究生的施里弗主讲尚未发表的BCS超导理

论（1972年诺贝尔物理奖）。令南部困惑的是，BCS理论似乎不遵守电荷守恒。但南部为他们的精神所动，开始寻求了解问题之所在。在BCS理论里面，电子与电子间借交换声子而形成所谓的"库珀对"，在低温时库珀对的玻色子性质可以形成"玻色-爱因斯坦凝结"成带电超流体，因而出现超导现象。但库珀对凝结态本身带电荷，也就是前面所说的不遵守电荷守恒。南部花了两年的时间才弄清楚，写文章厘清规范不变性如何在BCS理论中维系。物理学里守恒律对应到特定的不变性，而规范不变性对应到电荷守恒，所以规范不变性被维系着也就意味电荷守恒并没有真正被破坏掉。南部指出维系规范不变性的乃是一种无质量激发态，这个激发态与超导体中的电磁场结合成所谓的电浆子，可以解释实验上看到的迈斯纳效应（Meissner effect）。

南部以深度思考著称，故假如前面偏理论性的描述使你感到迷惑，敬请不要介意。让我们换一个角度就迈斯聂效应说明。此效应在1933年发现，基本上说就是磁场不能穿透超导体；当磁场进入超导体，经过些许距离后便递减消失（该距离称为"伦敦穿透深度"，London penetration depth）。而之所以如此，乃是前述所谓的电浆子在超导体中行进时变成有质量的，因此跟一般的库伦力不一样，

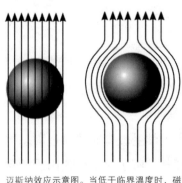

迈斯纳效应示意图。当低于临界温度时，磁场线将被超导体所排斥。

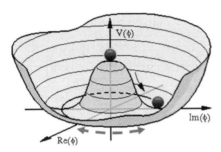

纯量场 ϕ 的"葡萄酒瓶"或"墨西哥帽"位能场,最低能量状态不在 $\phi=0$,而是在 $\phi \neq 0$ 时,选任一 ϕ 值便是自发对称性破坏。试想图中的小球,沿着"瓶底"(双箭头虚线)推一下无阻力,对应零质量金石粒子,但沿着黑箭头推一下的阻力或惯性便是希格斯玻色子质量。

跑一段距离就没有作用了。所以呢,熟知多年的迈斯纳效应其实就是我们所要讨论的希格斯或BEH机制。

金石定理的桎梏与安德森猜想

南部的洞察称为自发对称性破坏,也就是说对称性不是给硬生生破坏掉了,乃是乍看之下好似破坏了,但其实仍微妙地维持着。这个机制本身十分吸引人。在南部的工作中,已注意到一种无质量粒子伴随着自发对称性破坏。戈德斯通在读了南部1960年的论文后,为文引入纯量场、所谓的"墨西哥帽"位能场(希格斯喜欢称之为"葡萄酒瓶"位能场),可以相当容易地探讨类似超导体的自发对称性破坏现象。这个位能场如图所示,的确让我们不用公式就可以大致体会何谓自发对称性破坏。酒瓶位能场沿着"酒瓶"的轴具有旋转不变性,但这个"位能"的最低点不是在凸起的 $\phi=$ 中央点,乃是在一整圈 $\phi \neq 0$ 的"瓶底"。选择落在任一 ϕ 的值(称为"真空期望值"$\langle \phi \rangle$,因为真空对应于最低能量状态),原来的旋转不变性就没有了。这个"选择"就是自发对称性破坏，被破坏掉的是沿轴旋转的对称性。然而试想在所"选择"的 ϕ 值沿瓶底凹槽推一下，将毫无"阻力"，与沿着瓶底凹槽的垂直方向推一下有位能阻力不同。因此，沿着自发破坏掉的旋转方向有一颗没有阻力，即惯性或"质量"为零的激发态。这个激发态也就是一颗粒子，称为"南部－金石粒子"。

戈德斯通推测这个无质量粒子的出现，应是自发对称性破坏的普遍现象，与他所使用的特殊位能场无关。经由两位理论高人的加持，这个猜想在1962年成为所谓的"金石定理"（Goldstone theorem，Goldstone 在此译作"金石"更显其意涵），也就是在任何满足洛伦兹不变性的相对论性理论里，任何被自发破坏掉的对称性必有伴随的无质量粒子。这两位高人便是后来因电弱统一理论获1979年诺贝尔奖的萨拉姆（Abdus Salam）与温伯格。

金石（不毁!）定理的成立，为粒子物理界带进一些肃煞之气，因为南部的迷人想法，恐怕无法应用到相对论性的粒子物理。无质量粒子当以光速前进，实验上很容易找到，但显然查无实据。

在粒子物理学家摸摸鼻子，继续与1960年代的困境奋斗时，倒是一位凝态理论家抓到了契机。受了1962年施温格一篇讨论质量与规范不变性的文章启发，安德森在1963年为文剖析了在超导体中电浆子如何等价于光子获得质量，并宣称南部类型的理论"应当既无零质量杨－米尔斯规范玻色子问题，也无零质量金石玻色子困难，因为两者应可对消，只留下有质量的玻色子"。

我们一会儿再说明杨-米尔斯规范粒子，但可以预见地，安德森的猜想并没有在粒子物理界造成什么涟漪，因为他用非相对论性的超导体来推想相对论性理论的性质，无法得到认同。几乎唯一的回响，来自韩裔美国人李辉昭（Benjamin W. Lee）与他当年指导教授克莱恩（Abraham Klein）在1964年初的文章，以及吉尔伯特（Walter Gilbert）的反驳。克莱恩与李辉昭分析说，超导体存在一特殊坐标系，那么相对性理论呢？而吉尔伯特随即反驳说，在相对性理论中当然不可能有特殊坐标系。这样讲当然过于简化，但李辉昭与克莱恩并未答辩，而吉尔伯特显然绝顶聪明，因为该年他便从粒子物理助教授升为生物物理副教授，转而研究生物化学，从而获得1980年诺贝尔化学奖！

杨-米尔斯规范粒子

我们岔开一下来谈杨-米尔斯规范场论。

1932年查威德克发现中子，其质量与质子非常接近。海森堡将 $m_n \cong m_p$ 模拟于电子（或质子）的等质量自旋二重态，提出同位旋的概念，认为质子与中子为 $I=1/2$ 的同位旋二重态。汤川秀树所提出的次原子粒子"π介子"则因有 π^+、π^0、π^- 三颗且质量相近，因此同位旋为1。后续的实验研究发现这个同位旋在强作用中是守恒的。杨振宁先生注意到这样的守恒律与电荷守恒的相似性，因此思考将此相似性推进一步。前面已提到电荷守恒对应到规范不变性，这个规范不变性人们已知道是U(1)么正群。而同位旋则是一个SU(2)特殊么正群。杨振宁与米尔斯将同位旋的SU(2)群与电荷的U(1)群模拟，得到同位旋的规范场论。这个理论架构非常吸引人，但有一个罩门：模拟于电磁学的单颗光子，同位旋规范场论应当有三颗无质量同位旋规范粒子，但显然在自然界中不存在。然而，若在方程式里放进一个质量项则会破坏规范不变性，亦即同位旋守恒。据杨先生自己说，1954年2月他在普林斯顿高等研究院演讲，刚写下含同位旋规范场的方程式，当时在高等研究院访问的大师鲍立随即问道"这个场的质量是多少？"。几番追问下，杨先生讲不下去，只好坐下，靠奥本海默打圆场才得讲完。在发表的论文里，杨与米尔斯也坦承这个问题的存在。

这就是安德森所说的零质量杨-米尔斯规范玻色子问题。就像光子，所有的规范场论粒子都是自旋为1的玻色子。同位旋SU(2)是与自旋的旋转模拟。你可以很容易检验，沿着两个不同的轴的旋转，其结果与先后次序有关，因此是所谓的"非阿贝尔"或Nonabelian，意为规范转换是不可交换的。但电磁学的么正U(1)转换只是乘上一个大小为1的复数，而乘两个复数的结果与先后次序无关，是可交换的，称为阿贝尔或Abelian规范场论。

恩格勒-布劳特机制

恩格勒与布劳特在1964年8月底于《物理评论通讯》

（*Physical Review Letters*，PRL）刊出一篇论文，奠定了历史地位。没有迹象显示他们知晓安德森的猜想，但他们同样是受了施温格的启发，也熟悉金石定理。

布劳特生于纽约，1953年获哥伦比亚大学博士，1956年起在康奈尔任教，专攻统计力学与相变。恩格勒于1959年从（法语）布鲁塞尔自由大学获博士学位后，到康奈尔做布劳特的博士后研究。两人共同的犹太人背景，很快结下了有如兄弟般的终身友谊。事实上，当恩格勒于1961年返回布鲁塞尔时，布劳特竟辞去康奈尔的教职，举家迁往布鲁塞尔，可以说是与恩格勒共同开创了布鲁塞尔学派，他最终也入籍比利时。

这两人是怎么切入的呢？据希格斯转述，布劳特1960年在康奈尔听过著名理论物理学家韦斯科普夫（Victor Weisskopf）的演讲，听到他说："当今的粒子物理学家真是黔驴技穷了，他们甚至要从像BCS这样的多体理论支取新的想法。或许能有什么结果吧。"似乎指的是南部的想法，却也突显了所抱持的怀疑态度。但或许受此引导，布、恩二人欣赏南部以场论角度分析超导的工作，因而将自发对称破坏应用在布劳特熟悉的相变化问题。

后来施温格提议在有交互作用的情形下，规范粒子或可不破坏规范不变性而获得质量。恩格勒与布劳特转而探讨规范场论的情形。他们其实在1963年就已得到了可以让规范粒子获得质量的结果，但因似乎违反金石定理，两人又不是相对论性场论专家，因此以为有什么错误，迟迟没有发表。最后他们借所谓的纯量电动力学讨论清楚，当规范粒子因自发对称破坏获得质量时，正是借无质量的金石玻色子的传递来维持规范不变性。他们将这个结果从 U(1) 的电动力学推广到杨－米尔斯规范场论，发现结论不变：对称性若自发破坏则其规范粒子获得质量，但对称性仍被金石粒子维持着；而未被自发破坏的对称性则仍有对应的无质量规范粒子。他们的文章在 1964 年 6 月下旬投出，两个月后发表。

希格斯机制

希格斯于 1954 年获颁伦敦国王学院物理博士，研究的是分子物理。拿到学位后，他在爱丁堡大学从事过两年研究，回伦敦大学待了 3 年多后，于 1960 再回爱丁堡大学落脚。他是 1956 年在爱丁堡大学时，开始转离分子物理研究。总体而言，他的著作不多。

希格斯到爱丁堡任教的部分职责是从学校的中央图书馆收纳期刊，登录后将其上架。1964 年 7 月中，他看到了一个月前登在 PRL 的吉尔伯特论文，否定克莱恩与李辉昭的提议，认为相对论性理论必然无法逃避金石定理。但希格斯心中随即反驳：在规范场论中因为处理规范不变性的操作细节，是可以出现不违反规范不变性的"特殊坐标系"而能逃避金石定理的。一个礼拜后，他便投出一篇勉强超过 1 页的论文到当时位在 CERN 的《物理通讯》（*Physics Letters*，PL），于 9 月中刊出。这个极短篇纯为反驳基尔伯特而写，既未引述南部也未提到安德森，除了克莱恩－李辉昭与金石定理外，只引用了一篇施温格的电动力学论文。

希格斯在PL论文投出时就明白应当怎么做：将自发对称性破坏用在最简单的U(1)，亦即纯量电动力学。这个做法与恩格勒和布劳特如出一辙。这也难怪，因为纯量电动力学是最简单的规范场论。PL论文投出后一个礼拜，他投出第二篇论文，没想到却被PL拒绝，或许是因为这篇文章与前文相差不到一个礼拜而仍只有1页吧。然而希格斯却因祸得福。他将论文略为扩充，说明这样的理论是有和实验相关的结果，亦即有新粒子，在8月下旬投递到PRL，于10月19日发表。这多少是希格斯玻色子命名的由来。

在希格斯的PRL论文里，他说明哪些规范粒子获得质量，而这些粒子的纵向自由度在作用常数归零时回归为金石玻色子，亦即在规范作用力消失时，获得质量的规范粒子"分解"为零质量的杨-米尔斯规范玻色子及零质量的金石波色子。希格斯的总体讨论也与目前教科书的初步讨论类似，就是在对称性自发破坏、也就是"真空期望值"$\langle \phi \rangle$出现后，将纯量场的两个分量分别作小角度震荡，则可借规范转换将金石玻色子吸收在新定义的一个规范场里，而这个新的规范场是有质量的，质量是规范作用常数与$\langle \phi \rangle$的乘积。但希格斯还讨论了剩余的一颗纯量粒子也是有质量的，质量是纯量位能的二次微分与$\langle \phi \rangle$的乘积。希格斯还略述了如何保留光子为无质量，又申明在一般情形下，不论规范粒子或纯量粒子在对称性自发破坏的情况下都会呈现不完整的多重态。希格斯不止一次强调伴随粒子的出现，因此称这些为希格斯玻色子实不为过。

另外，期刊的审阅者虽然接受了他的论文，也告诉他恩格勒与布劳特的文章在他自己的文章寄达PRL的时后差不多已发表。因此希格斯还加了一个蛮长的批注来加以比较。文章虽只有1.5页，言简却意赅。

不论恩格勒和布劳特或希格斯都还有后续文章延伸他们的结果。

BEH机制的历史脚注

恩格勒、布劳特及希格斯在1964年时均30来岁。令人惊讶的是，在当时的苏联，两位不到19岁的大学生米格道（Alexander Migdal）与波利亚可夫（Alexander Polyakov）也得到类似的想法，在1964年便写成文章，但因为内容跨越凝态与粒子的疆界，得不到粒子领域"高层"的认同，直到1965年底才得到允许投递论文，其后又继续受到期刊论文审查人的纠缠，在苏联发表时已是1966年。这篇论文讲明若规范场论遇上自发对称性破坏，则规范粒子变成有质量，而无质量金石粒子不出现在物理过程中。

另外三位落选的诺贝尔奖贡献者为古拉尔尼克（Gerald Guralnik）、哈根（Carl Hagen）与基布尔（Thomas Kibble），前两位都是美国人，当时都在基布尔任职的伦敦帝国学院访问。他们的文章到达PRL时，希格斯的文章已几乎刊出，而他们在投出前便已获悉恩格勒、布劳特及希格斯的文章，因此也忠实地在该引用的地方就引用。这篇文章也许更完整，但衡诸两位年轻俄国人的遭遇，也就没有甚么好说的。2010年美国物理学会将樱井奖（Sakurai prize）颁给了这六人，但其他国际奖项，则都只有颁给恩格勒、布劳特及希格斯。到了2013年诺贝尔奖，布劳特已过世，诺贝尔委员会也没有在三人中挑一人补上。

1960年代的困境与标准模型涌现

我们现在拥有的粒子物理标准模型，是所谓的 $SU(3) \times SU(2) \times U(1)$ 的规范场论，在1970年代定调。但在混乱的1960年代，虽然 $U(1)$ 或阿贝尔规范场论架构的量子电动力学（QED）极为成功，然而场论的路线却被怀疑是行不通的，标准模型在当时还子虚乌有，连夸克的存在都没有被普遍接受……

最近的一些文宣，常把恩格勒、布劳特及希格斯三人描述成想要解释宇宙及质量之源云云。笔者自己在念书时标准模型已然当道，也是把这几个人看成神之人也，及至见了面才知他们也是常人。他们当然可能有做了重要工作的兴奋，但在当时他们是在布鲁塞尔及爱丁堡这种偏离核心的地方从事不被认为主流的场论工作，三人甚至算不上场论专家。因此恩格勒及希格斯得奖后都呼吁应该更重视像他们当年这样不讲目的、纯为满足好奇心的研究。

1960年代的混乱，一大部分原因是1950年代以来发现了太多与强作用力相关的"基本粒子",让人难以招架。杨－米尔斯理论虽美,但规范粒子质量问题无法解决,这却也只是强作用种种问题的一环而已。但若撇开强作用粒子,将视野局限在较简单的类似电子的"轻子",那么轻子的弱作用仍让人费解。其实,在1961年格拉肖便已在施温格指引下,提出弱作用在概念上可以与电磁作用做 $SU(2) \times U(1)$ 的统一。但在实质面则问题仍是弱作用的规范粒子极重、光子却无质量,两个理论要如何调和?事实上问题更根本得多,还有非阿式规范场论是否可重整,即是否确实可计算的问题。

当年恩格勒、布劳特及希格斯脑中都盘桓着强作用力、杨－米尔斯理论与质量问题,而错失了在弱作用的应用。到了1967年,前面提过的温伯格与萨拉姆分别将 BEH 机制应用到格拉肖的 $SU(2) \times U(1)$ 电弱统一场论,却也没有立时翻转天地。但1969年深度非弹性碰撞透析了质子的内部结构(1990年诺贝尔奖),加上1970年霍夫特(Gerard't Hooft)与维尔特曼(Martin Veltman)证明了非阿贝尔规范场论的可重整性(1999年诺贝尔奖),导致数年后强作用非阿贝尔规范场论的突破(2004年诺贝尔奖),因而建立以 $SU(3)$ 为规范群的量子色动力学(QCD),以及三代夸克的提出(也是2008年诺贝尔奖),标准模型的 $SU(3) \times SU(2) \times U(1)$ 动力学及伴随的物质结构终于在1970年代建立。格拉肖、温伯格与萨拉姆则因1978年斯坦福精密实验的验证而获1979年诺贝尔奖,而电弱作用借 BEH 机制所预测的极重 $W^{\pm}$ 及 Z^0 规范粒子也于1983年在CERN发现（1984年诺贝尔奖）。

神之粒子的追寻

1970年代后期人们开始关切希格斯玻色子的实验验证，因为它是标准模型必要又神秘的环节。但希格斯玻色子的质量，是希格斯纯量场的自身作用常数与$\langle\phi\rangle$的乘积，理论本身没有预测，为实验的搜寻增添极大的困难。有一点必须附带一提：BEH机制原本探讨的只是自发对称性破坏所产生的金石粒子如何与杨–米尔斯规范粒子密切结合（俗称"被吃掉"）而成为重的规范粒子，但1967年温伯格大笔一挥，提出物质粒子（夸克与轻子）的质量也可借希格斯纯量场的真空期望值$\langle\phi\rangle$产生，因此希格斯玻色子的责任可大了，是基本粒子的质量之源。

为何会称为上帝粒子？这是出自1988年物理奖得主莱德曼的手笔。美国在1983年通过兴建周长87千米、质心能量40兆电子伏特（TeV）的超导超能对撞机SSC，希望自欧洲争回粒子物理主导权，首要目标便是寻找希格斯玻色子，而莱德曼是推手。他在1993年出了一本名为《上帝粒子》的科普书，书中诙谐地说："为何叫上帝粒子？原因有二，其一是出版商不让我们叫它'神谴粒子'（Goddamn particle，'该死粒子'），虽然以它的坏蛋特性及造成的花费，这样称呼实不为过……"可惜出书未久，在耗费10年、20亿美金之后，美国把SSC计划取消了，拱手让出主导权。CERN在1994年正式通过大强子对撞机LHC计划。

自1980—1990年代，日本KEK实验室、德国电子加速器中心（DESY）、斯坦福加速器中心、CERN、费米实验室都直接搜寻过希格斯玻色子，而精确电弱测量（包括W原衰变率与顶夸克质量）的实验结果间接指向蛮轻的希格斯玻色子。CERN在1990年代末把LEP正负电子对撞机能量向上调到200GeV上下，看到些许征兆，但四个实验之间有争议。CERN在2000年底毅然终止LEP的运转，开始在27千米周长的LEP隧道中兴建LHC。

2008年9月LHC初次运转出了重大事故，以致延宕逾年。这使得在费米实验室的Tevatron（对撞能量2 TeV）工作的实验家加紧寻找，因为较轻的希格斯玻色子，他们不是全无希望。但LHC将能量自14 TeV降到7 TeV，自2010年3月以来运转出奇得好，使得Tevatron在2011年9月关机。到了12月，ATLAS及CMS实验已在125 GeV/c^{2}附近看到征兆，终于在2012年7月宣布发现，但当年却未获奖。除了前述1999—2004—2008的时间序列指标外，前面已提过2013年3月在意大利的粒子物理冬季会议中，参与的物理学家共同宣称不再是"似"希格斯玻色子而是"一颗"希格斯玻色子（或许还有更多），明显是为得奖铺路。

后语

找到了神之粒子，接下来呢？这是个新的开始，还是一

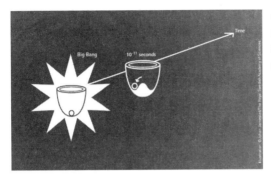

是否真有一个充斥全宇宙的"场",到了 10^{-11} 秒对称性破坏,以致基本粒子都获得质量?

个结束?

自南部把自发对称性破坏引入粒子物理已超过半个世纪,BEH 机制的突破也差不多有那么久,标准模型的建立已 40 年,而弱作用粒子 $W^{\pm}$ 及 Z^0 实验发现也已 30 年。我们好像只有验证标准模型的正确性,而没有找到超越或解释标准模型的"新物理",期待了 30 年的超对称也不见踪影。

真有一个"场"自起初就充斥全宇宙,在大爆炸时是对称的,但到了 10^{-11} 秒对称性因温度下降自发地破坏,以致基本粒子都获得质量?真是神奇啊!让我们用"神谴粒子"当作一个隐喻:这个追寻了半个世纪之久的滑溜家伙,其实带入了无数问题。它是天字第一号的基本纯量粒子;不知为何在我们更熟悉的 QED 或 QCD 里,却没有带电荷或色荷的基本纯量粒子;也许以后会发现吧。基本纯量粒子本身,以及这颗 126 GeV/c^2 质量的希格斯玻色子,带进"层阶""真空稳定性"及"自然吗"等深沉的问题。比较直观的麻烦则是温伯格所带入的费米子质量问题:费米子质量借希格斯玻色子产生究竟是出自偶然还是"设计"？若是后者，那为什么九颗带电费米子以及伴随的夸克混和共要十三个参数？而不带电荷的极轻的微中子质量又从何而来？暗物质是基本粒子吗？它的质量又从何而来？

这些都是人类在继续追寻的"本源"问题。

图书在版编目（CIP）数据

夸克与宇宙起源 / 侯维恕著 . —北京：商务印书馆，2023

ISBN 978-7-100-21656-2

Ⅰ. ①夸… Ⅱ. ①侯… Ⅲ. ①夸克—普及读物 ②宇宙—起源—普及读物 Ⅳ. ① O572.33-49 ② P159.3-49

中国版本图书馆 CIP 数据核字（2022）第 165564 号

夸克与宇宙起源

侯维恕　著

商 务 印 书 馆 出 版
（北京王府井大街 36 号　邮政编码 100710）
商 务 印 书 馆 发 行
北京新华印刷有限公司印刷
ISBN 978－7－100－21656－2

2023 年 3 月第 1 版　　　开本 880×1230　1/32
2023 年 3 月北京第 1 次印刷　印张 6 1/8

定价：48.00 元